AI短视频创作一本通
剪映·即梦·即创·可灵·腾讯智影·文心一言·AI数字人

郝倩◎著

U0222926

化学工业出版社

·北京·

内 容 简 介

本书是基于人工智能生成内容（AIGC）技术所撰写的实用指南，力求通过简洁、明了的语言和"案例+步骤"的方式，详细介绍各工具在短视频创作领域的应用，旨在让读者通过阅读本书能够清晰认知和使用AI工具提高自身的工作效率、丰富生活娱乐，以及提升短视频创作能力。

本书分为9章。首先介绍了AI短视频创作的基础入门知识，包括AI短视频创作功能概述、AI短视频创作功能详解和AI短视频创作功能的应用场景。其次，重点讲解了6款国内主流AI工具的操作技巧和核心功能，包括文心一言、即梦Dreamina、即创、腾讯智影、可灵AI和剪映，并结合"案例+步骤"的方式，帮助读者更好地掌握AI工具。最后是AI短视频的进阶应用与案例分析，通过不同工具的结合使用，帮助读者打造出更具吸引力的内容。

本书适合短视频创作者、自媒体博主、AI爱好者、数字营销人员、电商从业者、视频编辑和多媒体专业的学生阅读，对任何对人工智能生成内容（AIGC）感兴趣的普通读者来说也具有参考价值。

图书在版编目(CIP)数据

AI短视频创作一本通 ：剪映+即梦+即创+可灵+腾讯智影+文心一言+AI数字人 / 郝倩著. -- 北京 ：化学工业出版社，2025. 2(2025.5重印). -- ISBN 978-7-122-47002-7

Ⅰ. TN948.4-39

中国国家版本馆CIP数据核字第2025W6R007号

责任编辑：王婷婷　　　　　　　　　　封面设计：异一设计
责任校对：王鹏飞　　　　　　　　　　装帧设计：盟诺文化

出版发行：化学工业出版社（北京市东城区青年湖南街13号　邮政编码100011）
印　　装：天津裕同印刷有限公司
710mm×1000mm　1/16　印张13　字数256千字　2025年5月北京第1版第2次印刷

购书咨询：010-64518888　　　　　　　售后服务：010-64518899
网　　址：http://www.cip.com.cn
凡购买本书，如有缺损质量问题，本社销售中心负责调换。

定　　价：78.00元

前　言

在信息爆炸的时代，短视频已成为人们获取信息、娱乐消遣的重要媒介，而AI技术的崛起，正在为短视频创作带来前所未有的变革。曾经，短视频创作者、自媒体运营者、网店商家会为如何又快又好地剪辑需要的短视频而发愁，如今，借助AI，人们可以使用文本、图片甚至视频，生成快速满足大众需求的、更为精美的短视频。本书将介绍从文案生成到短视频生成和剪辑，全面满足读者利用AI创作短视频的需求，强调实际操作和实战应用，提高短视频的创作效率和质量。

本书特色

• 6大AI工具，AI短视频制作全掌握

本书深入讲解了文心一言、即梦Dreamina、即创、剪映、可灵AI和腾讯智影这6款强大的国产AI工具的操作技巧和核心功能。通过本书，读者不仅能够全面掌握每个工具的使用方法，还能了解如何将它们灵活地应用于不同的创作场景中。

• 49个实战案例，边学边练快速精通

本书提供了49个实战案例，涵盖了AI文案、AI绘图、AI短视频生成、视频剪辑和综合案例等各个方面的内容。这些实战干货可以帮助读者快速掌握AI短视频生成与剪辑的核心技能，并将其应用到实际生活和工作场景中。

• 470多张图片，全程图解更易解读

本书采用470多张图片对AI短视频的创作过程进行了全程式图解，通过这些大量清晰的图片，让实例的内容变得更通俗易懂，读者可以一目了然，快速领悟，举一反三，提升短视频的创作效率。

版本说明

　　在编写本书时，是基于当时的软件界面截取的实际操作图片，但书从编辑到出版需要一段时间，在此期间，这些软件的功能和界面可能会有变动，请在阅读时，根据书中的思路，举一反三，进行学习。

适用人群

　　（1）短视频创作者、电商从业者。

　　（2）自媒体从业者、视频编辑工作者或学生。

　　（3）对AIGC感兴趣的普通读者。

　　在编写本书的过程中，力求内容丰富、语言简洁明了。我们注重理论与实践相结合，通过大量的案例分析和步骤详解，让读者能够真正掌握制作AI短视频的应用技巧。由于笔者学识所限，书中难免有疏漏之处，敬请广大读者批评、指正。

目　录

第 1 章
基础入门，秒懂 AI 短视频创作

　　随着短视频平台的普及和用户需求的不断增加，短视频创作已经成为一种重要的内容生产形式。人工智能（AI）技术的进步，使得短视频创作变得更加高效和便捷。本章主要介绍AI短视频创作功能概述、AI短视频创作功能详解和AI短视频创作功能的应用场景。

1.1 AI短视频创作功能概述

在AI技术的支持下，短视频编辑软件可以自动识别出视频素材中的人物、场景、物体等要素，并根据需求进行智能分割、分类和标注，这使得编辑人员可以更加方便地搜索、整理、使用各种素材，极大地减少了人力、物力的浪费，提高了工作效率。本节将对AI短视频创作功能进行概述。

1.1.1 AI短视频创作功能的作用

AI短视频创作工具利用先进的算法和深度学习技术，能够在短时间内自动生成高质量的短视频内容，极大地降低了短视频创作门槛。下面对AI短视频创作功能的作用进行具体介绍。

1. 提高创作效率

AI短视频创作功能最显著的作用之一就是提高了人们的创作效率。传统的视频剪辑需要创作者手动筛选和编辑大量素材，而AI可以自动分析视频内容，识别出最精彩和最重要的部分进行剪辑。这不仅节省了大量时间，还确保了视频内容的高质量和连贯性。AI的智能剪辑功能使得创作者可以在更短的时间内完成更多的视频作品，极大地提升了生产效率。

2. 增强视频质量

通过深度学习和计算机视觉技术，AI能够自动识别视频中的场景、人物和物体，并根据内容进行优化。例如，AI可以自动调整视频的色彩和亮度，添加适合的特效和滤镜，提升视频的视觉效果。此外，AI还可以根据内容自动配乐，使音频与画面完美契合，增强观众的视听体验。这些功能使得创作者可以轻松地制作出专业级的短视频作品。

3. 降低创作成本

短视频创作者通过AI技术可以更快速地完成剪辑、调色、特效等编辑工作，从而降低制作成本，提高创作效率。

除了更多抽象和虚幻的视频片段需要用AI制作（包括各种教育课件、专题片、科幻电影），还有许多以前需要实地拍摄、现场演示的视频也会用到AI技术，如美食教学视频，使用AI技术制作视频可以降低食材成本等。

4. 创新与突破

AI短视频创作功能不仅能提升现有创作流程的效率和质量，还为短视频创作带来了新的可能。例如，AI可以生成虚拟角色和场景，打造出全新的视觉效果和叙事方式。

5. 实现定制化和个性化制作

在 AI 大模型的加持下，短视频内容必然促使个性化消费升级，例如 AI 大模型可以更好地理解用户的兴趣和偏好，从而提供个性化的短视频推荐。这将提升用户的观看体验，增强用户黏性。

同时，AI 技术能够创作出更加个性化的内容。通过使用 AI 技术，创意设计师可以根据不同的受众特点和需求，为他们提供定制化的体验。用户也将能够根据自己的兴趣和喜好，定制自己的短视频内容，而平台也将根据用户的需求，推送更加个性化的短视频内容。

1.1.2　AI 短视频创作功能所面临的挑战

虽然 AI 短视频工具展现了强大的潜力和优势，但 AI 短视频创作功能在实际应用中仍面临诸多挑战。下面具体分析其所面临的挑战。

1. 技术限制

尽管 AI 技术在短视频创作中取得了显著进展，但在处理复杂视觉效果和高动态范围内容时，AI 的表现仍然有限。当前的 AI 系统在理解和生成高度抽象和艺术性的视频内容方面存在明显局限。比如，在需要精细手工艺和创意表达的人物时，AI 尚难以达到专业视频编辑的水平。此外，AI 技术在处理快速移动的场景和低光照环境时，生成的视频质量也可能不尽如人意。

2. 数据质量依赖

AI 短视频创作工具的性能高度依赖训练数据的质量和多样性。如果训练数据不足或存在偏差，AI 生成的视频可能会出现错误或质量问题。高质量的数据对于 AI 模型的训练至关重要，但获取和维护大量的优质数据既昂贵又耗时。此外，数据偏差可能导致 AI 工具在生成内容时出现不准确或不工作的结果，影响用户体验和内容质量。

3. 隐私和伦理问题

在使用 AI 技术进行短视频创作时，隐私和伦理问题是不可忽视的挑战。AI 在处理用户数据时，可能会无意中泄露个人隐私或使用未经授权的素材。这不仅会引发隐私保护问题，还可能涉及版权纠纷。例如，AI 生成的内容如果包含他人未授权使用的素材，可能会引发法律争议。此外，AI 生成的虚假信息和深度伪造（deepfake）视频也会引发广泛的伦理讨论，对社会诚信和信任构成威胁。

1.2　AI 短视频创作功能详解

在如今的数字时代，AI短视频创作工具通过自动化、智能化功能，显著提升了创作效率和内容质量。本节将详细解析AI短视频创作功能的各个方面，如智能成片、智能生成、智能识别等相关功能。

1.2.1　智能成片：套用模板、一键出片

剪映App内置了"一键成片"与"模板"两大特色功能，它们的共同之处在于都能利用现成的模板将图片或视频转化为生动的视频。然而，两者在操作逻辑与用户体验上各有千秋。

1. 一键成片

剪映App中的一键成片功能是一种智能化的视频编辑工具，它能够帮助用户快速将照片或视频素材组合成具有专业效果的视频。此功能凸显了剪映智能化的特点，依托AI技术为用户精心推荐适合的模板。用户无须自行浏览庞大的模板库，只需在AI精心筛选的模板集中挑选，即可快速完成视频创作，极大提升了操作的便捷性。下面是具体的操作方法。

01 打开剪映App，在主界面点击"一键成片"按钮，如图1-1所示。

02 执行操作后，即可进入素材添加界面，在这里可以选择使用照片或视频素材，如图1-2所示。

03 选择好素材后，点击"下一步"按钮，即可生成视频内容，如图1-3所示。

图 1-1　　　　　　　　　　图 1-2　　　　　　　　　　图 1-3

04 在选择模板界面下方的推荐中选择合适的模板，并点击模板上的"点击编辑"按钮，进入模板编辑界面，如图1-4所示。

05 在模板编辑界面中，选中第1个片段，在下方的工具栏中点击"裁剪"按钮，如图1-5所示。

06 执行操作后，即可进入裁剪界面，调整图片的显示区域。调整完成后，点击✅按钮，如图1-6所示。

07 选中第2个片段，点击"点击编辑"按钮，在弹出的工具栏中点击"替换"按钮，如图1-7所示。进入"照片视频"界面，选择要进行替换的图片，如图1-8所示，即可完成替换。

图 1-4　　　　　　　　　图 1-5

图 1-6

图 1-7

图 1-8

08 替换完成后，点击界面下方的"文本"|"添加文字"按钮，如图1-9所示。在弹出的文本框中添加文字内容，如图1-10所示。

图 1-9   图 1-10

09 点击界面右上角的"导出"按钮，如图1-11所示。在弹出的"导出设置"面板中点击■按钮，如图1-12所示，即可将视频导出。

图 1-11   图 1-12

2. 模板

与一键成片功能相比，模板功能则赋予了用户更高的自主选择权。用户可以直接进入模板库，通过关键词搜索或浏览分类，自由挑选心仪的模板进行视频制作。这种模式不仅满足了用户对于多样化模板的需求，还激发了用户的创造力和探索欲。

1.2.2　智能生成：文生图、文生视频

文生图技术是指利用生成对抗网络（GAN）等深度学习框架，将用户的文字想象并转化为细腻逼真的图像，无论是自然风光、人物肖像还是抽象艺术作品，都能通过文字描述得以生动地呈现出来。而文生视频技术，则更进一步，它不仅捕捉了文字的静态画面，还通过连续帧的生成，构建出具有动态效果和故事情节的视频内容，为用户带来更加丰富和沉浸式的视觉体验。下面介绍使用Midjourney软件和腾讯智影分别进行文生图和文生视频的具体操作。

1. 文生图

Midjourney是一个通过人工智能技术进行绘画创作的工具，用户在其中输入文字、图片等指令内容，就可以让AI机器人自动创作出符合要求的图片。下面简单介绍一下使用Midjourney软件生成图片的方法。

01 打开Midjourney软件，在下方的输入框内输入/（斜杠符号），在弹出的列表框中选择imagine选项，如图1-13所示，即可调用imagine指令。

02 在imagine指令下方的输入框中输入"Green mountains and clear waters, shrouded in clouds and mist, lush ancient pine trees, murmuring streams, hidden thatched cottages, cascading waterfalls, and distant peaks resembling daisies"（大意为：青山绿水，云雾缭绕，古松郁郁葱葱，溪水潺潺，茅屋掩映，瀑布层叠，远峰似雏菊），如图1-14所示。

图 1-13

图 1-14

03 按【Enter】键确认，稍等片刻即可生成4张相应的图片，如图1-15所示。

图 1-15

2. 文生视频

使用腾讯智影的"文章转视频"功能可以根据用户提供的文本指令，进行AI匹配，从而生成视频。用户可以先用ChatGPT生成视频文案，再将生成的文案复制并粘贴至"文章转视频"页面的文本框中，然后生成视频。下面是具体的操作方法。

01 打开ChatGPT软件，在其界面下方的输入框内，输入相关提示词，按【Enter】键发送指令。其回答如下所示。

💬 请用100字形容一下西施的相貌特征。

🌐 西施，古代美女，相貌绝世，面容姣好，肌肤如玉，眉目如画。她拥有清澈的双眸，明亮动人，朱唇微启，笑靥如花。她的姿态优雅，步履轻盈，仪态万方，举手投足间尽显柔美。她的美貌被称为"沉鱼"，传说鱼儿见了她的美貌都会沉入水底，以避其光辉。西施不仅以外貌动人，更以柔情婉约的气质令人倾倒。

02 打开腾讯智影页面，在主界面的智能小工具中找到并单击"文章转视频"按钮，如图1-16所示，进入"文章转视频"界面。

图 1-16

03 在其内容输入框中粘贴 ChatGPT 生成的文案内容，如图 1-17 所示。

04 在界面右侧的编辑栏中可以设置成片类型、视频比例、背景音乐等，并单击"生成视频"按钮，如图 1-18 所示，即可开始生成视频并显示其进度。

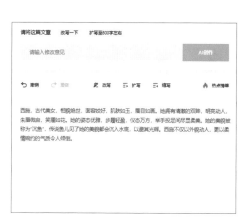

图 1-17

图 1-18

05 稍等片刻，即可进入视频编辑界面，生成的视频效果如图 1-19 所示。此时生成的视频效果不是很理想，所以需要对其进行优化。

图 1-19

06 在视频编辑界面中，单击"我的资源"|"本地上传"按钮，如图1-20所示。

07 执行操作后，即会弹出"打开"对话框，选择所需素材，单击"打开"按钮，即可上传所需素材，如图1-21所示。

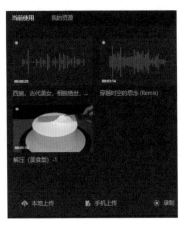
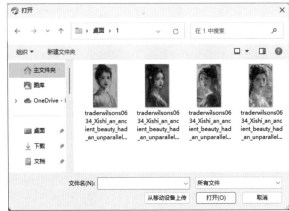

图 1-20 　　　　　　　　　　　　　　图 1-21

08 将鼠标指针移至第1段素材中，单击"替换素材"按钮，如图1-22所示。

图 1-22

09 执行操作后，即会弹出替换素材界面，单击"我的资源"，选择上传的素材，如图1-23所示，即可预览替换效果。

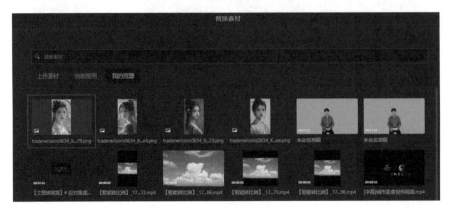

图 1-23

⑩ 选择上传的素材后，在弹出的界面中单击"替换"按钮，即可完成第 1 段素材的替换，如图 1-24 所示。

⑪ 按照第 08 步～第 10 步完成剩余素材的替换，即可完成视频的制作，如图 1-25 所示。

图 1-24

图 1-25

⑫ 单击页面右上方的"合成"按钮，弹出"合成设置"面板，修改视频名称，单击"合成"按钮，如图 1-26 所示，即可开始合成视频。

图 1-26

1.2.3　智能识别：人脸识别、语音识别

在 AI 短视频创作中，人脸识别和语音识别是两项关键技术，它们为短视频创作提供了智能化和自动化的支持。这些技术使得视频制作更加高效、个性化，且互动性更强。

1. 人脸识别

（1）定义

人脸识别是一种计算机视觉技术，用于检测和识别视频中的人脸。这项技术能够识别出视频中的特定人物，并跟踪他们的面部表情和动作。

（2）应用场景

人物跟踪：在人脸识别技术的支持下，摄像机可以自动跟踪特定人物，使拍摄更加精准和流畅。

特效和滤镜：自动为视频中的人物添加特效和滤镜，例如面部美化、换脸、添加虚拟道具等。

自动剪辑：识别并突出显示视频中的关键人物片段，自动进行剪辑和编排，提高视频制作效率。

个性化推荐：根据观众对特定人物的偏好，推荐相关视频内容，增强用户黏性。

2. 语音识别

（1）定义

语音识别是将语音转化为文本的技术，使计算机能够理解和处理人类的语言。通过语音识别技术，视频中的语音内容可以被自动识别并转化为可编辑的文本。

（2）应用场景

自动字幕：通过语音识别技术，可以自动生成视频的字幕，提高视频的可读性和可访问性。

语音指令：在视频编辑软件中使用语音命令控制操作，例如剪辑、特效添加和音频调整等，可以提升工作效率。

内容搜索：通过语音识别将视频中的语音内容转化为文本，便于内容搜索和索引。

情感分析：分析视频中讲话者的语气和情感，为视频添加相应的情感特效或背景音乐。

3. 综合应用

在综合应用人脸识别和语音识别技术时，AI 短视频创作可以实现更加智能化和个性化的创作过程。

智能剪辑：结合使用人脸识别和语音识别技术，可以自动剪辑出包含特定人物和重要对话的片段，形成完整的故事线。

交互视频：通过识别观众的面部表情和语音反馈，实现实时互动，提升观众的体验。

内容分析和优化：分析视频中人物的面部表情和语音情感，优化视频内容和呈现方式，以提高观众的观看体验。

人脸识别和语音识别技术在AI短视频创作中发挥着重要作用，它们不仅提升了视频制作的效率和质量，还为创作者提供了更多的创意和表达方式。随着技术的不断进步，这些智能化功能将进一步丰富和改变短视频的创作方式，使其更加高效，使短视频更具互动性和个性化。

1.2.4 智能剪辑：自动剪辑、快速出片

自动剪辑和快速出片能显著提升视频创作的效率和质量，使创作者能够更快速地生成高质量的视频内容。下面是对这两项功能的详解。

1. 自动剪辑

自动剪辑是利用人工智能技术自动分析和处理视频素材，根据特定规则或算法自动完成视频剪辑的过程。

（1）场景识别：AI可以识别视频中的不同场景，自动剪辑基础关键片段，如人物对话、重要事件和美丽风景等。

（2）音频分析：通过分析音频，可以识别出重要对话、高潮部分或背景音乐的节奏变化，进行相应的剪辑。

（3）风格匹配：根据用户预设的风格或主题，自动调整视频的剪辑方式和节奏，使成品更符合预期。

（4）应用场景：①短视频平台。适用于抖音、快手等平台，快速剪辑出符合受众喜好的短视频。②新闻和媒体。自动剪辑新闻报道、时间回顾和采访片段，提高新闻制作效率。③个人创作。帮助个人创作者快速剪辑Vlog、旅游视频等。

2. 快速出片

快速出片是指利用AI技术快速处理和生成视频成片的过程，包括从视频素材的导入、编辑到最终成片的导出。通过智能化的处理，创作者能够迅速获得高质量的视频成品。

1.2.5 智能特效：AI调色、智能场景匹配

随着AI图像技术的成熟，AI调色正逐渐成为视频制作和图像处理领域的重要工具。它通过人工智能算法，自动优化和匹配视频和图像的色彩，使其更具有吸引力和视觉冲击力。无论是业余爱好者还是专业创作者，AI调色都能帮助他们轻松实现色彩调整和风格统一，大大提升作品的质量和表现力。如图1-27（调色

前）和图1-28（调色后）所示为使用剪映中的智能调色功能对视频进行AI调色前后效果对比。

图 1-27   图 1-28

1.2.6   智能音频：人声分离、人声美化

在AI短视频创作中，人声分离和人声美化是两项重要技术，它们利用人工智能算法，分别处理和提升视频中的音频部分，使最终作品的音质更好，更具吸引力。

1. 人声分离

人声分离是指利用AI技术将音频中的人声与背景音乐、环境音等其他声音元素分离开来的过程。这一技术基于深度学习算法，通过训练模型来识别和分离音频信号中的不同成分。

人声分离的主要步骤和优势如下。

（1）特征提取：从音频文件中提取特征，包括频率、振幅、时域和频域信息等。

（2）模型训练：采用标注过的音频数据训练模型，使其能够准确识别和分离人声。

（3）分离过程：在实际应用中，模型对输入的音频文件进行"推理"，即将人声从混合音频中分离出来。

（4）优势如下。

高分离度：能够应对复杂的音频信号，提供更为精确的人声分离效果。

速度与效率：利用深度学习算法，能在较短的时间内完成分离任务。

易用性：多数人声分离工具提供用户友好的界面，使得非专业用户也能轻松操作。

适应性：能够适应不同风格和类型的音乐，具有广泛的应用范围。

应用场景如下。

（1）音乐制作：音乐制作人可以通过人声分离工具分离出人声和伴奏，然后进行进一步的创作和混音。

（2）视频剪辑：在短视频制作中，去除背景音乐或环境音，专注于人声，或者将人声与新的背景音乐结合，可以创造独特的视频效果。

2. 人声美化

人声美化类似于照片修片业务，只不过操作的对象是声音而非视觉形象。其目的是在不改变人声基本辨识度的前提下，通过调整音调、音色、动态、韵律和空间效果等，使人声听起来更加悦耳、清晰、有感染力，从而提升音频作品的整体质量。

应用场景：人声美化广泛应用于音乐制作、影视后期制作、广播节目制作、短视频配音及直播娱乐等领域。在音乐制作中，人声美化可以提升歌曲的整体品质；在影视后期制作中，则可以增强角色对话的清晰度和感染力；在短视频配音中，则可以使配音更加贴合视频内容和情感表达。

1.3　AI 短视频创作功能的应用场景

AI短视频作为科技与创意的完美结合体，正逐步改变着内容创作的面貌，为各行各业带来了前所未有的创新机遇和丰富的应用场景。从影视行业到商业广告，从社交媒体传播到教育培训，AI短视频创作功能以其高效、智能、个性化的特点，正引领着短视频行业的新一轮变革。

1.3.1　影视行业：AI在影视制作中的应用

随着AI在影视制作领域的应用广泛且深入，AI为这一传统行业带来了前所未有的变革与创新。AI不仅提高了影视制作的效率，还极大地丰富了创作手段，使得影视作品在视觉呈现、情感表达和故事讲述上达到了新的高度。电影制作领域正在越来越多地利用AI，以实现更高效、更具创新性的制作方式。AI在这个领域的应用前景非常广阔，它不仅可以为电影添加独特的艺术风格和视觉效果，还可以大大提高制作效率和降低成本。

通过将真实演员的表演转化为卡通形式，电影制作人可以创造出一种独特的艺术风格，让观众在享受电影故事的同时，也能够欣赏到这种别具一格的视觉效果（图1-29）。

图 1-29

下面是AI在影视制作中的具体应用。

1. 角色建模

AI技术通过深度学习算法，能够收集大量关于人类面部和身体特征的数据集，生成高度逼真且细节精确的角色模型。这在科幻电影和动画片的制作中尤为重要，如《阿凡达》中的角色建模就采用了AI生成器DeepLearning-GAN。

2. 特效制作

AI在特效制作方面发挥着重要的作用，可以自动生成逼真的虚拟场景、角色和动作。这大大减轻了制作人员的负担，提高了制作效率。例如，在科幻电影和动作片中，AI可以生成复杂的爆炸、飞行、变形等特效。

3. 后期剪辑

AI可以自动化完成部分剪辑工作，如镜头选择、场景转换和特效添加等。这种技术不仅提高了剪辑效率，还能减少人为错误和主观性。

1.3.2 广告行业：利用AI提升广告创意与效果

目前，AI技术大多出现在内容生成领域，广告作为一个需要制作大量内容的领域，很可能会成为第一波AIGC应用爆发的行业。在广告设计中，吸引人们的注意是至关重要的。通过使用AI动画技术，广告设计师可以为产品创造出独特的形象和风格，吸引更多的消费者。卡通化的广告形式也会给人带来愉悦和轻松的感觉，提升产品的品牌形象。例如，可口可乐贯彻"real magic"的品牌理念，发布的广告短片*Masterpiece*（杰作）中，有一小段就是将二维的画作转化成了三维的形象，让天价画作就像活过来一样，如图1-30所示。

图 1-30

1.3.3　社交媒体：快速生成高质量社交视频内容

随着社交媒体平台如抖音、快手、YouTube等的兴起，短视频成为互联网时代最具影响力的传播方式之一。然而，在海量的内容洪流中脱颖而出并非易事。传统的手动制作短视频不仅耗时费力，而且难以在短时间内覆盖广泛的创意范畴和满足多样化的用户需求。

2022年10月国庆期间，《人民日报》官方账号还专门发布一首AI绘画版《我的祖国》MV，引起了广大网友的热议，如图1-31所示。

图 1-31

第 2 章
文心一言，智能文案助力视频创作

　　文心一言利用先进的自然语言处理技术和深度学习算法，能够深刻理解视频主体，智能生成脚本文案助力视频创作。本章就来讲讲如何使用文心一言生成视频脚本及制作教学视频。

2.1　认识文心一言

文心一言是百度平台推出的一款知识增强大语言模型，能够从海量的数据中检索到用户需要的内容。文心一言可以与用户对话、回答用户的问题，进而帮助用户高效、快捷地获取信息。

2.1.1　登录文心一言

要开始在文心一言的世界中畅游，首先需要完成注册与登录。接下来，将详细介绍这两个关键步骤，帮助读者轻松掌握文心一言的注册及登录操作，从而充分领略这个平台的魅力。

01 首先在浏览器中搜索"文心一言"，找到官网并进入。然后单击"开始体验"按钮，再在界面右下角单击"立即注册"按钮，如图2-1所示。

02 在注册页面中输入用户名、手机号、密码、验证码等信息，并同意服务协议和隐私政策，如图2-2所示。

图 2-1　　　　　　　　　　　　　　　　图 2-2

03 完成注册后，打开"文心一言"网站，进入登录界面。在登录界面中，输入已注册的用户名或邮箱，并输入密码，如图 2-3 所示。同样也可以使用手机号进行登录，如图 2-4 所示，输入手机号码并单击"发送验证码"后就可以正式开始体验文心一言了。

图 2-3　　　　　　　　　　　图 2-4

2.1.2　文心一言的基础页面介绍

登录完成后，界面如图2-5所示，可以看到文心一言的主页面很整洁，大致分为4个板块：第一个板块是其他区域，主要包括百宝箱、使用指南、问题反馈和个人中心等；第二个板块是历史对话记录；第三个板块是对话框；第四个板块是输入框。

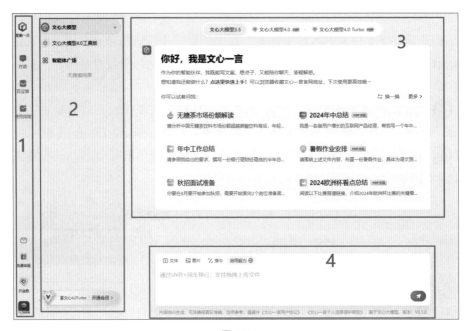

图 2-5

1. 其他区域

使用指南：文心一言的使用指南旨在为用户提供从基础到高级的全面指导。

百宝箱：是文心一言的一项特色功能，它可以为用户提供丰富多样的工具和服务。

功能反馈：主要是为了解决用户在使用产品过程中遇到的问题。具体来说，当用户在使用产品的过程中遇到bug时，可以通过功能反馈解决这个bug。

个人中心：包括分享管理和插件市场两个功能。分享管理功能可以用于管理多种场景下的分享内容。

2. 历史对话记录

历史对话记录功能是指文心一言可以保存和展示与用户之前的对话记录。这个功能可以帮助用户回顾之前的交流内容，便于用户在需要时快速获取之前的对话信息。

另外需要注意的是，历史对话记录功能只是一种辅助功能，不能替代用户的记忆和判断。在任何情况下，用户都应该有自主权来决定是否保存和使用这个功能。

3. 对话框

对话框是文心一言用来与用户进行交互的重要手段，帮助更好地响应用户的操作并提供有用的信息和选项。

4. 输入框

输入框是文心一言与用户进行交互的重要渠道，它根据用户的输入来生成相应的反馈和建议，从而帮助用户做出更准确的决策。

2.1.3　文心一言的应用场景

文心一言是一款基于百度深度学习平台和知识增强大模型，通过海量数据进行学习的生成式AI产品。它能够高效地理解用户需求，提供准确、有用的信息，并具备丰富的应用场景。

1. 创作环节

在创作环节，文心一言可用于各类内容的生成。例如，在写作时，利用文心一言可以快速生成文章大纲、段落和句子，节省创作时间；在绘画领域，文心一言也可以辅助艺术家快速生成创意画作，提高创作效率。

2. 跨领域创作

文心一言在跨领域创作中也有广泛应用。例如，将文心一言用于音乐领域，可以快速生成优美的乐谱；将文心一言用于设计领域，可以辅助设计师进行创意设计，提高效率。

3. 长文创作

在长文创作中，文心一言具备丰富的语言模型和数据处理能力。在新闻、报告等长篇内容的撰写中，文心一言可以帮助用户快速生成高质量的文本，减少人工编辑和校对的工作量。

4. 短文创作

针对短小精悍的创作需求，文心一言同样提供了高效的解决方案。例如，在撰写邮件、短评等场景中，文心一言可以帮助用户快速生成内容，提高沟通效率。

5. 翻译

文心一言在翻译领域具有显著优势。与传统翻译工具相比，文心一言具备更强的语境理解和多语言处理能力。在实际应用中，文心一言可实现准确、高效的跨语言内容转换，为翻译工作者提供有力支持。

2.2 使用 AI 生成视频脚本

要迅速且高效地创作出优质的短视频，一个极为便捷且高效的途径便是借助人工智能（AI）技术来自动生成脚本与文案。这种方法不仅简化了创作流程，还能凭借其强大的数据处理与分析能力，快速生成既符合逻辑又引人入胜的内容框架，从而帮助创作者在短时间内实现视频内容的快速产出与质量的双重提升。

2.2.1 使用文心一言快速生成视频脚本

想要文心一言生成满意的视频脚本，用户就需要将自己的需求表达清楚，并详细阐述自己的需求。下面是使用文心一言快速生成视频脚本的具体操作。

打开文心一言，进入其主页面，在输入框内输入相关提示词并按【Enter】确认，生成的内容如下所示。

> 你是视频脚本创作大师，也是视频拍摄专家，请为橘子洲头做一个宣传片脚本，脚本的具体要求为：有镜头、旁白及场景，对话场景，背景音乐（请给出具体的音乐名称），整体能吸引人的眼球，开头5秒要能抓住观众，视频时长大概3分钟。

> 【宣传片脚本：《橘子洲头·梦开始的地方》】
>
> 【开场镜头】
>
> （画面渐显，5秒内）
>
> 镜头一：晨光初破晓，橘黄色的阳光轻轻洒在波光粼粼的湘江上，镜头快速拉近至橘子洲头标志性的毛泽东青年艺术雕塑，金色阳光与雕塑的轮廓交相辉映，瞬间抓住观众眼球。
>
> 旁白（温暖而深沉的男声）："在东方初升的光芒中，有一处地方，承载着历史的重量，也孕育着未来的梦想。这里是——橘子洲头。"
>
> 【背景音乐】
>
> 音乐名称：《东方红》变奏版（选用经典旋律，以现代电子音乐元素重新编排，既可以保留历史感，又增添了现代气息）。
>
> 【场景一】
>
> 镜头二：切换至慢镜头，游客们迎着晨光，沿着江边步道缓缓前行，脸上洋溢着期待与喜悦。
>
> 对话场景（轻松愉快）
>
> 女游客（兴奋）："看！那就是毛主席像，每次来都觉得特别震撼！"
>
> 男伴（微笑）："是啊，站在这里，仿佛能感受到那个时代的激情与梦想。"
>
> 【场景二】
>
> 镜头三：航拍镜头，展现橘子洲头全景，绿树成荫，江面宽阔，远处城市天际线若隐若现。
>
> 旁白："橘子洲头，不仅是自然与人文的完美融合，更是无数人心中的圣地。它见证了历史的变迁，也见证了新时代的崛起。"
>
> 【场景三】
>
> 镜头四：特写镜头，孩子们在沙滩上嬉戏，老人悠闲地散步，年轻人则坐在江边，手捧书籍或轻触手机，享受宁静的时光。

旁白："在这里，每个人都能找到属于自己的那份宁静与美好，无论是追忆往昔，还是展望未来。"

【场景四】

镜头五：日落时分，夕阳将天空染成橘红色，与"橘子洲"之名相呼应，镜头缓缓拉远，整个画面美不胜收。

旁白（深情而悠长）："当夕阳洒满江面，橘子洲头仿佛披上了一层金色的外衣，这一刻，时间仿佛静止。让我们在这里留下属于自己的故事，让梦想启航。"

【结尾镜头】

镜头六：夜幕降临，洲头灯光璀璨，与星空交相辉映，镜头最后定格在毛泽东青年艺术雕塑上，光芒万丈。

旁白："橘子洲头，一个梦开始的地方。无论你是谁，来自何方，这里总有属于你的风景，等待着你去发现、去创造。"

【背景音乐渐弱】

画面慢慢淡出，屏幕上出现"橘子洲头，等你来"字样，配以轻柔的钢琴曲作为结束曲。

【结束语】

"在橘子洲头，每一刻都是永恒。期待与你的每一次相遇，共同书写属于我们的精彩篇章。"

2.2.2　使用"图文成片"功能生成视频

剪映电脑版的"图文成片"功能既支持用文本来生成视频，又支持使用文章链接生成视频。另外，"图文成片"功能还可以帮助用户进行AI文案创作，让用户在一个软件内就能完成文案和视频的生成。下面是使用"图文成片"生成视频的具体步骤。

01 打开剪映电脑版，单击界面中的"图文成片"按钮，如图2-6所示。

图 2-6

02 执行操作后，即可进入"图文成片"编辑页面，单击"自由编辑文案"选项，如图2-7所示。

图 2-7

03 进入"自由编辑文案"页面，将刚刚复制的脚本文案粘贴至输入框内，如图2-8所示。

图 2-8

04 删除无关话术，只留下旁白对话，如图2-9所示。这样可以避免在图文成片时，AI将一些镜头语言也朗读出来。

在东方初升的光芒中，有一处地方，承载着历史的重量，也孕育着未来的梦想，这里是——橘子洲头。"

看！那就是毛主席像，每次都觉得特别震撼！

是啊，站在这里，仿佛能感受到那个时代的激情与梦想。

橘子洲头，不仅是自然与人文的完美融合，更是无数人心中的圣地。它见证了历史的变迁，也见证了新时代的崛起。

在这里，每个人都能找到属于自己的那份宁静与美好，无论是追忆往昔，还是展望未来。

当夕阳洒满江面，橘子洲头仿佛披上了一层金色的外衣，这一刻，时间仿佛静止。让我们在这里，留下属于自己的故事，让梦想启航。

橘子洲头，一个梦开始的地方。无论你是谁，来自何方，这里总有属于你的风景，等待着你去发现，去创造。

在橘子洲头，每一刻都是永恒，期待与你的每一次相遇，共同书写属于我们的精彩篇章。

图 2-9

05 执行操作后，单击界面右下角的"生成视频"按钮，选择"智能匹配素材"选项，如图2-10所示。

图 2-10

06 执行操作后，稍等片刻即可完成视频的制作，如图2-11所示。

图 2-11

2.3 使用 AI 文案制作教学视频

以前，当人们想要制作一个教学视频时，需要耗费大量时间在构思文案和调整措辞上，不妨试试使用AI生成文案、制作教学视频，更高效、生动且富有个性化色彩。

2.3.1 生成并复制AI文案

用户只需构思好短视频主题，就可以让AI根据主题创作短视频脚本文案，具体操作方法如下。

■ 我现在想要制作一期关于"美食教学视频"，要求简单、快捷地展示番茄炒蛋的制作步骤，吸引广大网友进行关注，请根据这些信息创作出相应的脚本文案。

◎【视频开头—温馨引入】

[镜头缓缓推进，展现厨房温馨的一角，轻柔的背景音乐响起。]

旁白（温暖而亲切）："在平凡的日子里，总有一道菜能温暖人心，那就是家常经典——番茄炒蛋。今天，就让我们一起走进厨房，用最简单的食材、最快捷的步骤，炒出一份色香味俱全的番茄炒蛋。无论你是烹饪新手还是老手，都能轻松掌握，快来看看吧！"

【准备材料—清晰展示】

[镜头快速切换，清晰展示所需材料：新鲜番茄、鸡蛋、葱花、盐、糖（可选）、食用油。]

旁白："看，这就是我们今天的全部食材，简单到不能再简单了吧？新鲜番茄切块，鸡蛋打散备用，再准备一些葱花提香，还有盐和糖来调味。是不是已经跃跃欲试了呢？"

【制作步骤—快速演示】

第一步：炒鸡蛋

[镜头聚焦在热油锅中，倒入打散的鸡蛋液，快速翻炒至凝固成块。]

旁白："首先，我们来炒鸡蛋。锅中倒入适量食用油，油热后倒入打散的鸡蛋液，用铲子快速翻炒，直到鸡蛋凝固成块，金黄诱人。炒好后盛出备用。"

第二步：炒番茄

[镜头切换至番茄块下锅，加入少量盐帮助番茄出汁，翻炒至软烂。]

旁白："接下来我们炒番茄。锅中留底油，放入切好的番茄块，加入少量盐可以帮助番茄更快出汁。用铲子翻炒，直到番茄变软烂，汁水四溢。"

第三步：合炒调味

[镜头展示将炒好的鸡蛋倒回锅中，与番茄块混合，加入葱花、盐和糖（可选）调味，快速翻炒均匀。]

旁白："现在，我们把炒好的鸡蛋倒回锅中，与番茄块混合。加入葱花增香，根据个人口味加入适量的盐和一点点糖提鲜（如果喜欢的话）。快速翻炒均匀，让每一块鸡蛋都裹上番茄的酸甜汁水。"

第四步：出锅装盘

[镜头展示将炒好的番茄炒蛋盛出装盘，色香味俱全。]

旁白："看，一道色香味俱全的番茄炒蛋就完成了！色泽鲜艳，香气扑鼻，是不是已经迫不及待想要尝一口了呢？赶紧动手试试吧！"

【结尾—邀请互动】

[镜头拉远，展示完整的番茄炒蛋，背景音乐渐弱。]

旁白："就这样，一道简单快捷又美味的番茄炒蛋就呈现在大家面前了。是不是很简单呢？无论是早餐、午餐还是晚餐，都是一个不错的选择。赶紧动手做给家人尝尝吧！别忘了在评论区分享你的作品和心得哦，我们下次美食教学再见！"

[视频结束，屏幕渐暗，出现订阅提示和社交媒体链接。]

2.3.2　导入剪映制作教学视频

通过将这些文案导入剪映，不仅可以简化视频制作流程，还能确保视频内容的精准传达。下面是将文案导入剪映的具体操作步骤。

01 复制文心一言生成的文案内容，打开剪映电脑版，单击界面中的"图文成片"按钮，如图2-12所示，进入编辑界面。

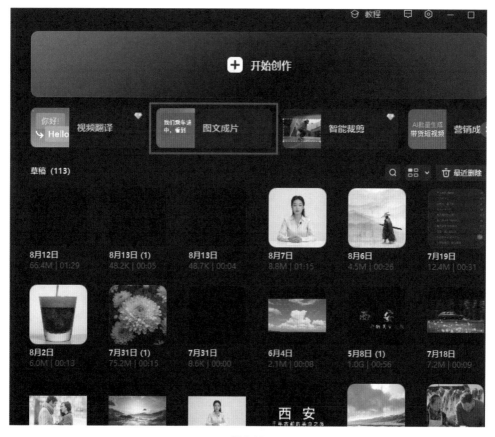

图 2-12

02 在图文成片编辑界面，单击"自由编辑文案"按钮，如图2-13所示，进入"自由编辑文案"页面。

图 2-13

03 将复制的AI文案粘贴至编辑框内，修改一部分不需要的内容，例如"【准备材料—清晰展示】[镜头快速切换，清晰展示所需材料：新鲜番茄、鸡蛋、葱花、盐、糖（可选）、食用油。]"，如图2-14所示。

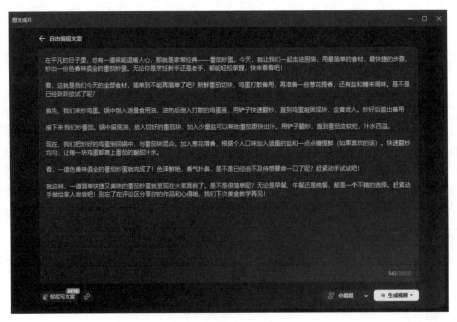

图 2-14

04 修改好文案内容后，单击"生成视频"按钮，在弹出的列表框内，选择"智能匹配素材"选项，如图2-15所示。即可自动生成相关视频内容了。

图 2-15

05 执行操作后，即可自动匹配视频素材内容，生成教学视频，如图2-16所示。大家也可以通过添加转场、特效、替换素材等，增加视频的可观性。

图 2-16

第 3 章

即梦 Dreamina，快速生成 AI 视频素材

　　随着国外视频生成模型技术的蓬勃发展，国内也迎来了AI视频创作领域的重要里程碑，国产创新产品"即梦Dreamina"AI视频生成工具正式宣布启动并投入市场。即梦Dreamina以便捷的操作界面，以及丰富的应用场景，迅速吸引了业内外众多目光。

3.1 认识即梦

即梦Dreamina是一款由字节跳动公司推出的AIGC创作工具，可以将简单的文字描述转换成精彩的图片和视频。用户只需输入描述，即梦Dreamina会自动创建相应的视觉内容。此外，该工具还提供编辑功能，让用户可以对生成的图片和视频进行个性化调整。本节将对即梦Dreamina的核心功能、基础页面和应用场景进行简单介绍。

3.1.1 登录即梦

因为即梦是由字节跳动公司所研发的，所以其登录方式有抖音登录和手机号登录两种方式，下面介绍登录即梦的详细步骤。

01 在浏览器中搜索"即梦Dreamina"，单击网址超链接进入其官网，映入眼帘就是登录页面了，如图3-1所示。

02 单击"登录"按钮，在弹出的授权登录中选择登录方式，如图3-2所示。

图 3-1

图 3-2

03 选择好登录方式，登录完成后，即可进入即梦的主页面，如图3-3所示。

3.1.2 即梦的核心功能

经发布以来，即梦凭借操作简单、使用方便等特点深受使用者喜爱，其中图片生成和视频生成功能更是降低了用户的创作门槛。而智能画布功能则是即梦的一大亮点，通过交互式设计，让用户对图片或

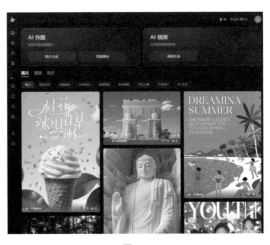

图 3-3

AI生成的图片进行二次创作。下面对即梦核心功能进行简单介绍。

1. 文生图

文字AI绘图是即梦的核心功能之一。用户只需输入简单的文字描述，AI就能根据这些描述生成相应的图像。这项功能的准确性和创造力令人印象深刻。在测试中，无论是描述具体物体（如"一个握着苹果的女孩"），如图3-4所示，还是抽象的概念（如"未来城市的黄昏"），如图3-5所示。即梦都能够以高度的细节和色彩准确度呈现出想象中的场景。这项功能对那些缺乏绘画技巧但充满创意的用户来说，是一个强大的工具。

图 3-4　　　　　　　　图 3-5

2. AI扩图

AI扩图功能允许用户将现有的图像进行水平或垂直扩展，这在创作大型画作或需要更多背景元素时特别有用。在实际使用中，这项功能能够保持原有图像的风格和元素，同时在新生成的部分中添加合理的细节。这不仅增加了作品的视觉冲击力，也为创作者提供了更多的空间来展示他们的创意。如图3-6所示为AI扩图前后效果对比。

图 3-6

3. 局部重绘

局部重绘功能让用户能够选择图像的特定区域进行修改。这项功能在处理人们不满意的细节或想要突出某些元素时非常有用。在测试中，即使是对图像中的小细节进行修改，如改变人物的发型或衣服的颜色，即梦也能够无缝地融入整体画面，凸显AI技术的精确性。如图3-7所示为局部重绘前后效果对比。

图 3-7

4. AI视频生成

AI视频生成是即梦一个较为重要的核心功能。用户可以将文字描述或静态图像转化为视频。这项功能的应用范围非常广泛，从个人艺术创作到商业广告制作都能发挥巨大作用。即梦生成的视频不仅流畅，而且视觉效果引人入胜，展现了AI在动态视觉创作方面的潜力。如图3-8所示为使用即梦生成的视频内容。

图 3-8

3.2　即梦的使用方法

即梦的界面和功能设计简洁明了，非常适合初学者和小白用户上手。用户无须复杂的操作就能快速生成高质量的作品。本节将简单介绍其使用方法。

3.2.1 图片生成

用户只需输入简单的文字描述，即梦便能生成与之对应的高质量图片。这一功能支持多样化的创作需求，从仿真人的摄影写真到风格迥异的插画，都能精准生成。下面是具体的操作步骤。

01 打开即梦主页，单击主页中的"图片生成"按钮，也可以单击左侧工具栏的"图片生成"图标，如图3-9所示。

02 执行操作后，即可进入图片生成页面，在文字提示框内输入相关提示词，如图3-10所示。

图 3-9

图 3-10

03 如果希望即梦生成的图片符合自己的需求，可以单击文字提示框内的"导入参考图"按钮，如图3-11所示，选择需要参考的图片内容，单击"打开"按钮上传图片，如图3-12所示。

图 3-11

图 3-12

04 执行操作后，即可弹出参考图编辑框，用户可以在编辑框内选择参考图片主体、人物长相、景深等相关内容，如图3-13所示。

05 单击"生图比例"下拉按钮，调整生成的图片比例和尺寸，也可以选择和参考图一样比例，如图3-14所示。

图 3-13　　　　　　　　　　　　　　图 3-14

06 调整完成后，单击"保存"按钮即可上传参考图。单击模型按钮，可以选择即梦自带的生图模型，每个模型都对应相应的风格，用户可根据所需选择，如图3-15所示。

07 选择生图模型后，滑动"精细度"滑块，将"精细度"调整至40即可，如图3-16所示。精细度数值越大，生成的图片效果越好，耗时也会更久。

图 3-15　　　　　　　　　　　　　　图 3-16

08 设置图片比例和图片尺寸。如果上述步骤已经设置了与参考图一致，这里就可以不用调整了。单击"立即生成"按钮，即可生成AI图片，如图3-17所示。

图 3-17

提示：图片生成、智能画布、视频生成等功能都需要收取积分，每日会赠送积分（每天没用完的积分会清空），如果需要更多积分，则需要开通会员。

3.2.2 智能画布

智能画布功能是即梦的一大亮点，通过交互式设计，让用户对图片或AI生成的图片进行二次创作。下面对智能画布功能进行详细介绍。

1. 局部重绘

局部重绘功能可以方便用户对图像的特定区域进行修改。下面是使用即梦进行局部重绘的具体操作步骤。

01 打开即梦主页面，单击"智能画布"功能按钮，也可以单击左侧工具栏中的"智能画布"图标，如图3-18所示。进入智能画布页面。

图 3-18

02 单击界面左上方的"上传图片"按钮，如图3-19所示。在弹出的"打开"对话框中，选择需要二次创作的图片，如图3-20所示，单击"打开"按钮即可完成上传。

图 3-19

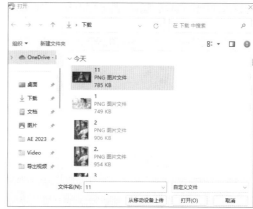

图 3-20

03 执行操作后，在界面上方单击"局部重绘"按钮 ，如图3-21所示。即可进入局部重绘页面，如图3-22所示。

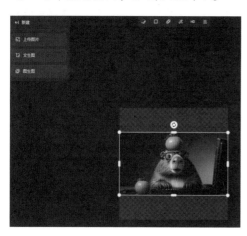

图 3-21

图 3-22

04 使用画笔涂抹需要重绘的部分，如图3-23所示。在上方的工具栏中，可以选择"快速选择""橡皮擦"等工具，还可以调整画笔大小，如图3-24所示。

05 执行操作后，在弹出的上下文悬浮框中，输入想要重新绘制的内容，如图3-25所示。

06 单击"局部重绘"按钮，即可对涂抹区域进行重绘，如图3-26所示。单击"完成重绘"按钮，即可完成对图片的重新绘制。

图 3-23

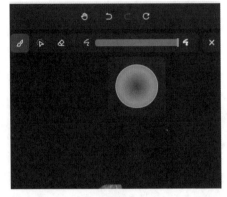

图 3-24

图 3-25

图 3-26

提示：若对重绘结果不满意，可以单击上下文悬浮框中的"再次生成"按钮，即可重新生成相关内容。单击▶、◀按钮可以查看其余生成结果。若想重新更改参数，可以单击上下文悬浮框中的"重新编辑"按钮。

2. AI扩图

AI扩图功能允许用户对现有的图像进行水平或垂直扩展。下面是使用即梦进行AI扩图的具体操作步骤。

01 参考上述步骤进入智能画布页面，单击页面左上方的"文生图"按钮，即可弹出"新建文生图"页面，如图3-27所示。

02 在"描述词"输入框内输入相应的描述词，并调整相关参数，如模型、精细度、尺寸和比例等，如图3-28所示。

03 单击"立即生成"按钮，即可生成相应的图片，如图3-29所示。

04 单击页面上方的"扩图"按钮▣，进入扩图页面，如图3-30所示。

05 在页面上方的工具栏中可以调整扩图比例和扩图的倍数，如图3-31所示。

06 调整好扩图参数后，在图片下方的上下文悬浮框内输入想要扩图的内容（也可以不填），单击"扩图"按钮即可完成扩图，如图3-32所示。

图 3-27

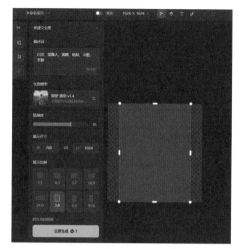

图 3-28

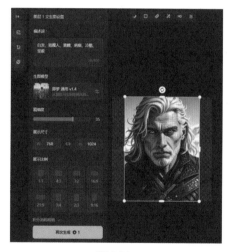

图 3-29

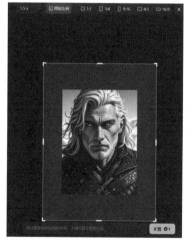

图 3-30

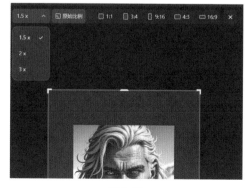

图 3-31

图 3-32

3.2.3 图片生视频

图片生视频是指即梦能够以用户提供的图片为基础，通过AI智能技术生成视频。用户可以选择一张图片作为输入，即梦会根据图片的内容、色彩、构图等信息，智能生成与之相关的视频片段。下面是使用即梦进行图片生视频的具体步骤。

01 打开即梦主页，单击主页中的"视频生成"按钮，也可单击页面左侧工具栏中的"视频生成"图标，如图3-33所示，进入视频生成页面。

02 单击"上传图片"按钮，如图3-34所示。在弹出的"打开"对话框内选择需要上传的图片，单击"打开"按钮即可完成上传，如图3-35所示。

图 3-33

图 3-34

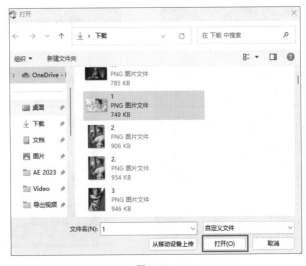

图 3-35

03 执行操作后，在输入框内输入描述想要生成的画面和动作，如图3-36所示。

04 调整运镜参数，在这里可以设置移动方向、摇镜方式、旋转方向、变焦方式和幅度大小等，如图3-37所示，调整完成后单击"应用"按钮即可。

图 3-36

图 3-37

05 调整其视频生成参数，如运动速度、生成模式、生成时长等，如图3-38所示。

06 单击"生成视频"按钮，稍等片刻，即可生成视频，如图3-39所示。

图 3-38

图 3-39

3.2.4　文本生视频

即梦的文本生视频功能主要用于将用户的文字描述转换成视频内容。下面介绍使用即梦和文心一言进行文本生视频的具体步骤。

01 打开文心一言，在其输入框内输入提示词"以'山水中国风'为主题，用关键词的形式描述一个30字左右的画面场景"，其回答如下。

以"山水中国风"为主题，用关键词的形式描述一个30字左右的画面场景。

青山绿水、云雾缭绕、古松苍劲、溪流潺潺、茅屋隐现、渔舟唱晚、飞瀑直下、远峰如黛。

02 复制文心一言回复的文字内容，打开即梦页面，单击主页中的"视频生成"按钮，也可单击页面左侧工具栏中的"视频生成"图标，如图3-40所示。

图 3-40

03 执行操作后，即可进入视频生成页面，单击"文本生视频"按钮，如图3-41所示。

04 执行操作后，即可进入"文本生视频"页面，在输入框内粘贴刚刚复制的文本内容，如图3-42所示。

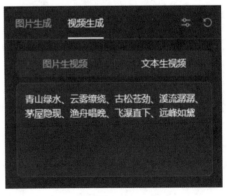

图 3-41   图 3-42

05 按照个人所需，调整视频生成相关参数，如图3-43所示。

06 单击"生成视频"按钮，即可完成文本生视频的操作，如图3-44所示。

图 3-43　　　　　　　　　　　　　　　　图 3-44

3.2.5　使用"首尾帧"功能制作穿越镜头

即梦中的"首尾帧"功能可以帮助用户通过输入视频的首帧（起始画面）和尾帧（结束画面），结合AI智能生成技术，生成一个连贯、流畅的视频片段。下面介绍使用即梦制作穿越镜头的具体操作步骤。

01 打开即梦主页，单击主页中的"图片生成"按钮，进入图片生成页面，如图3-45所示。

图 3-45

02 在输入框内输入相关提示词"一辆车行驶在路上，汽车侧面，春天的森林，树木，花朵，商业摄影，中景"，如图3-46所示。

03 将"精细度"调整为50，将图片比例调整为16∶9，单击"立即生成"按钮，即可生成相应的图片，如图3-47所示。

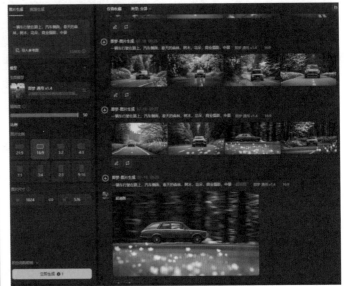

图 3-46   图 3-47

04 将鼠标指针放置在右侧的高清图上，在弹出的悬浮框中单击"局部重绘"按钮，如图3-48所示。

图 3-48

05 使用画笔工具涂抹车辆以外的其他地方，如图3-49所示。

06 在输入框内输入"夏天的森林，茂密的树木"，如图3-50所示。

图 3-49 　　　　　　　　　　　　图 3-50

07 单击"立即生成"按钮，即可完成重绘，夏天场景如图3-51所示。

图 3-51

08 重复步骤04～07，将秋天场景和冬天场景重绘出来，如图3-52所示。

冬天　　　　　　　　夏天　　　　　　　　春天　　　　　　　　秋天

图 3-52

09 单击"视频生成"按钮，进入视频生成页面，如图3-53所示。

10 单击输入框内的"使用尾帧"按钮，上传春天和夏天的场景图，如图3-54所示。

图 3-53

图 3-54

11 在输入框内输入提示词，调整"运镜控制"为"随机运镜"、"运动速度"为"慢速"、"模式选择"调整为"标准模式"、"生成时长"为"3s"，如图3-55所示。

12 单击"生成视频"按钮，即可生成春天到夏天的穿越镜头，如图3-56所示。

图 3-55

图 3-56

13 参照步骤10～12，生成夏天到秋天、秋天到冬天的视频，如图3-57所示。

图 3-57

14 将鼠标指针移至生成的视频上，单击右上角的"下载"按钮，依次下载3段视频，如图3-58所示。

15 打开剪映，将3段视频依次导入，添加至轨道中，即可合成为一个视频，如图3-59所示。

图 3-58　　　　　　　　　　　　　　　　　图 3-59

16 单击剪映右上角的"导出"按钮，即可导出制作完成的视频，如图3-60所示。

图 3-60

3.2.6 使用"首尾帧"功能制作逆生长镜头

使用"首尾帧"功能制作逆生长镜头是指通过AI技术实现视觉上从年老到年轻，从老年到中年等逆转变化效果。以下是使用即梦"首尾帧"功能制作逆生长视觉效果的具体操作步骤。

01 打开即梦主页，单击"图片生成"按钮，进入图片生成页面，如图3-61所示。

02 在输入框内输入提示词"可爱小女孩，5岁，证件照，面对镜头，中景"，如图3-62所示。

03 调整"生图模型"为"即梦通用v1.4"，将"精细度"调整为50，将图片比例调整为3：4，如图3-63所示。

图 3-61

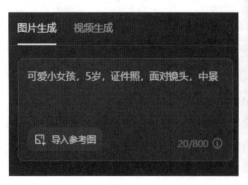

图 3-62

图 3-63

04 单击"立即生成"按钮，生成相应的AI图片，如图3-64所示。

05 将鼠标指针移动至满意的图片上方，单击HD（超清图）按钮，将图片调整至超清，并单击下载按钮下载图片，得到"素材1"，如图3-65所示。

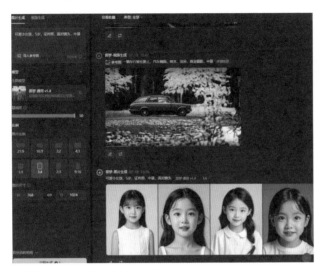

图 3-64　　　　　　　　　　　　　　　图 3-65

06 重新在输入框内输入提示词"可爱，女生，20岁，证件照，面对镜头，中景"，如图3-66所示。

07 单击"导入参考图"按钮，将"素材1"导入，弹出"参考图片"对话框，勾选"角色形象"复选框，如图3-67所示。单击"保存"按钮即可导入参考图片。

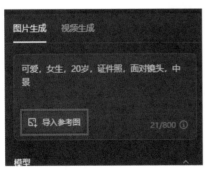

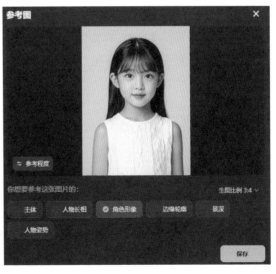

图 3-66　　　　　　　　　　　　　　　图 3-67

49

08 调整"生图模型"为"即梦通用v1.4"，将"精细度"调整为50，将"图片比例"调整为3∶4，单击"立即生成"按钮，生成相应的AI图片，如图3-68所示。

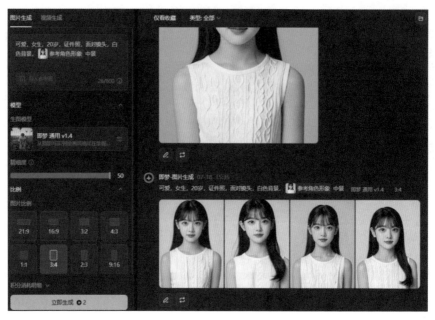

图 3-68

09 选择一张合适图片，单击HD（超清图）按钮，将图片调整至超清，并单击"下载"按钮，下载图片，得到"素材2"，如图3-69所示。

10 单击"视频生成"按钮，进入视频生成页面，单击"使用尾帧"按钮，上传首尾帧图片，如图3-70所示。

11 在输入框内，输入提示词"面对镜头，中景"，如图3-71所示。

图 3-69

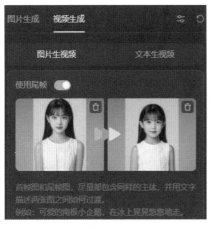

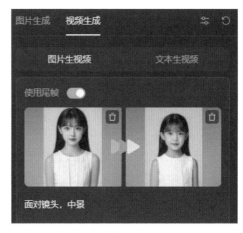

图 3-70　　　　　　　　　　　　　　　　图 3-71

12 调整参数，将"运镜控制"调整为"随机运镜"、将"运动速度"调整为"慢速"、将"模式选择"调整为"标准模式"、将"生成时长"调整为3s，如图3-72所示。

13 单击"生成视频"按钮，即可生成逆生长视频，如图3-73所示。

图 3-72　　　　　　　　　　　　　　　　图 3-73

3.2.7　使用"实时画布"制作创意LOGO

即梦智能画布中的"实时画布"功能允许用户通过简单的涂抹和添加提示词来生成定制形状的图像，下面介绍使用"实时画布"制作创意LOGO的具体操作步骤。

01 打开即梦主页，单击智能画布按钮，进入其页面。在页面上方单击实时画布功能，如图3-74所示。

图 3-74

02 在画布下方的悬浮框内，输入想要绘制的LOGO的大致形容词，如图3-75所示。单击页面上方的"画笔"工具，如图3-76所示，即可进入画笔页面。

图 3-75

图 3-76

03 使用白色画笔先将背景涂抹成白色，如图3-77所示。

04 单击页面上方的"画笔颜色"下拉按钮，将"画笔颜色"设为黑色，将熊猫的轮廓画出来，如图3-78所示。

图 3-77

图 3-78

05 调整"画笔颜色"为粉色，并调整画笔的粗细，将冰激凌的元素描绘出来，如图 3-79 所示。

06 设计成喜欢的样式后，单击页面上方的"完成绘制"按钮，即可完成创意 LOGO 的制作，单击页面右上角的"导出"按钮，如图 3-80 所示。调整导出参数，即可将 LOGO 保存至文档中，如图 3-81 所示。

图 3-79

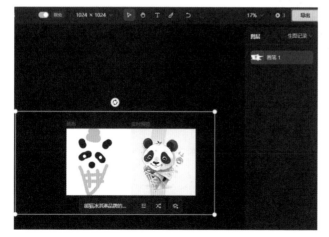

图 3-80

图 3-81

3.2.8 使用"对口型"功能让人物开口说话

即梦中的对口型功能是通过深度学习算法自动识别视频中人物的口型的，并将其与输入的音频进行同步，从而实现人物开口说话的效果。下面是具体操作步骤。

01 打开即梦主页，单击"图片生成"按钮进入相应的页面，在输入框内输入提示词"一位专业的播音主持员，面对镜头，中景，灰色背景，手里拿着稿子"，如图3-82所示。

02 调整相关参数，将"生图模型"调整为"即梦通用v1.4"，将"精细度"调整为50，将"图片比例"调整为3∶2，单击"立即生成"按钮，生成相应的图片，如图3-83所示。

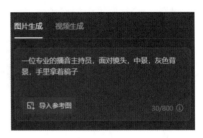

图 3-82

图 3-83

03 将鼠标指针移至符合需求的图片中，单击"生成视频"按钮，进入视频生成页面，如图3-84所示。

04 在输入框内输入提示词"面对镜头、近景"，调整"运镜控制"为"随机运镜"、将"运动速度"调整为"慢速"、"模式选择"调整为"标准模式"、"生成时长"调整为3s，单击"生成视频"按钮，即可将图片转化成视频，如图3-85所示。

图 3-84

图 3-85

05 将鼠标指针移至视频上，单击"对口型"功能按钮，如图3-86所示，即可进入对口型编辑页面，如图3-87所示。

图 3-86

图 3-87

06 可以在输入框内输入对口型的文字内容，然后选择朗读音色，单击"对口型"按钮，即可制作让人物开口说话的视频，如图3-88所示。

图 3-88

07 也可以单击"上传本地配音"选项，上传中文配音，上传完成后，单击"对口型"按钮，配音文件与视频会自动匹配，如图3-89所示。

图 3-89

第 4 章
即创，抖音电商的必备神器

即创是抖音推出的一站式电商智能创作平台，提供AI视频创作、图文创作和直播创作三大功能，借助AI技术节省短视频和直播的成本与时间，全方面满足短视频和抖音电商从业者的创作需求。

4.1 认识即创

即创配备了AI视频创作工具，支持智能剧本创作、虚拟角色生成和一键视频制作，便于快速生成出色视频。同样也能通过图文编辑工具简化文章、产品详情页等图文制作流程、直播创作等。下面介绍如何登录和注册即创，以及即创的核心功能和应用场景。

4.1.1 登录即创

即创平台主要面向用户提供AI创作工具，但要求用户在使用即创时，必须进行注册和登录，下面介绍其具体流程。

01 首先访问即创官方网站，通常可以通过搜索引擎找到官方网站链接，例如通过搜索"即创"或"即创官网"等关键词，进入其主页，如图4-1所示。

图 4-1

02 目前可以选择两种方式注册即创，分别是手机注册和邮箱注册。手机注册只需输入手机号码通过发送验证码的方式即可，如图4-2所示，邮箱注册则需要通过输入邮箱、密码、验证码等来完成，如图4-3所示。

03 注册完成后，会提示用户没有绑定相关广告账户，这里需要确认用户用来注册的手机号或者邮箱是否绑定抖音，若绑定了可以单击"绑定组织"按钮，如图4-4所示。

图 4-2　　　　　　　　图 4-3　　　　　　　　图 4-4

04 执行操作后可以选择"创建组织"或"加入组织"选项，如图4-5所示，这里选择"创建组织"选项即可。

图 4-5

05 执行操作后，会弹出"创建组织"对话框，输入组织名称并单击"保存"按钮，如图4-6所示，即可注册账号。

06 重新回到即创主页面，单击鼠标右键，选择"刷新"命令，即可自动绑定账号信息，如图4-7所示。

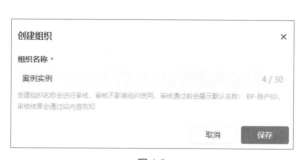

图 4-6

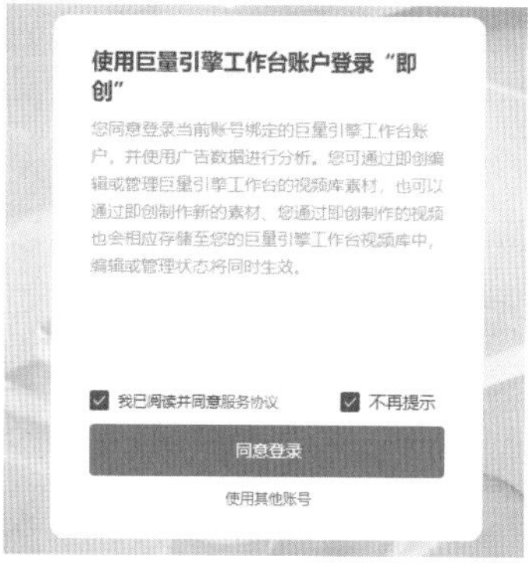

图 4-7

07 单击"同意登录"按钮，即可进入即创，如图4-8所示。

图 4-8

4.1.2 即创的核心功能

即创是一个集智能创意生成与管理于一体的全面平台，其核心功能主要围绕视频、图文、直播等创意内容的制作、管理和推广展开。下面是其具体介绍。

1. 视频创作功能

即创的视频创作功能是其核心亮点之一，通过AI技术的赋能，它为用户提供了高效、智能的视频创作体验。具体功能如下。

（1）AI视频脚本

即创提供多种视频脚本模板，用户只需填写关键信息，如视频主体、商品ID等，平台即可根据这些信息自动生成完整的视频脚本，如图4-9所示。这一功能极大地降低了视频创作的门槛。让没有专业编剧经验的用户也能轻松制作出引人入胜的视频脚本。

（2）智能剪辑

智能剪辑是即创平台生成素材成片的工具，如图4-10所示，它利用AIGC技术辅助用户对

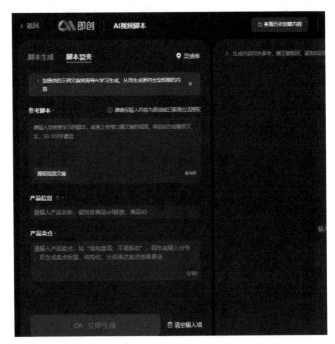

图 4-9

上传的视频素材自动完成剪辑、渲染等一系列复杂的操作。通过简单的输入方式，智能为视频添加脚本、口播、配乐等元素，实现视频素材的自动化和批量化生产。

（3）数字人成片

数字人成片功能通过最新的数字人技术，无须真实演员重复参与拍摄，即可完成商品口播讲解视频的制作。即创平台提供了3500多种数字人形象，如图4-11所示，涵盖了多个行业的不同场景需求，帮助广告主低成本产出优质、生动的创意素材，极大地扩展了广告和内容创意的可能性。

图4-10　　　　　　　　　　　　　　　　　图4-11

2. 图文创作功能

即创的图文创作功能旨在帮助用户快速生成高质量的图文内容，下面是具体介绍。

（1）图文工具

用户输入相关信息或关键词，平台即可自动生成符合要求的图文内容，如图4-12所示。这一功能支持多种图文模板和风格选择，让用户能够轻松制作出美观、专业的图文素材。

图 4-12

（2）商品卡工具

在即创平台中，只需提供商品PID及相关需求描述，商品卡工具就会快速生成一批高质量、丰富度高的商品图，如图4-13所示，可以帮助商家快速生成商品卡图片素材、提升素材的丰富度和多样性。

图 4-13

提示：PID是指商品在电商平台中唯一的ID，相当于商品的身份证号码，由字母和数字组合而成，以此来区分商品类别。在进行商品推广时，生成的推广链接中会包含商品PID，如果买家通过该链接购买了商品，那么电商平台会根据商品的PID来进行佣金的统计和结算。

3. 直播创作功能

即创的直播创作功能为直播创作者提供了多种AI直播脚本和直播间装修工具。

（1）AI直播脚本

即创的直播创作功能可以根据用户提供的商品ID或直播主题，自动生成适合直播的脚本方案，不论是从中提取灵感还是借鉴，都是一种快速提升效率的方法，如图4-14所示。

（2）直播间装修工具

直播间装修工具是即创平台的一款直播虚拟场景（绿幕）物料智能生成工具，支持根据商品PID及相关需求描述，生成对应的直播场景物料，如图4-15所示。

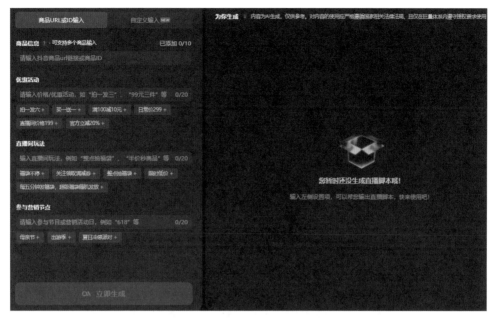

图 4-14

图 4-15

4. 创意分析

即创中的创意分析是指对创意内容进行深入剖析和评估的过程，旨在理解其吸引力、有效性、受众反馈及潜在的市场价值，下面是其具体功能介绍。

（1）投前检测

投前检测工具是即创的一款创意前测工具，支持对短视频素材进行预检、评估广审风险和生态指标（素材质量、素材创新度、素材效率），提前了解素材问题和效果，从而及时优化，解决素材测试难、成本高的问题，如图4-16所示。

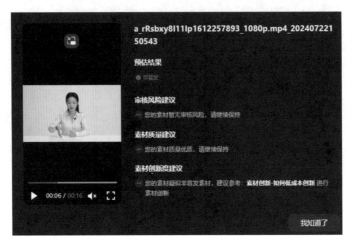

图 4-16

（2）投后诊断

即创的投后诊断工具用于对投放后的素材进行诊断，可以在这里对账号整体素材或单素材进行诊断，让AIGC生成的内容与广告效果数据紧密协同。用户只需选择主体、行业和时间周期，即可全方位呈现智能分析结果、给出诊断建议、预估优化后的跑量提升值。用户根据页面提示跳转至相应的素材制作工具，还能对素材直接进行调优，如图4-17所示。

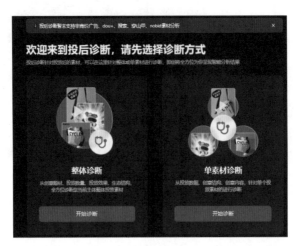

图 4-17

4.2　即创的使用方法

即创平台的使用简单直观，功能强大且多样。无论是专业的创作者还是业余爱好者，都能通过即创平台轻松打造出高质量的创意内容。本节将逐步深入介绍各个功能模块的具体使用方法，帮助读者更好地掌握这一工具。

4.2.1　视频创作

即创的视频创作功能通过AI赋能，为用户提供了高效、智能的视频创作体验，下面介绍其具体使用方法。

1. 智能剪辑

利用智能剪辑功能，用户只需通过上传视频素材，即可让平台智能为视频添加脚本、口播、配乐等元素，从而实现视频素材的自动化和批量化生产。下面是智能剪辑的一些优点。

（1）操作便捷：一键自动剪辑，智能添加脚本、音乐、口播等配置。

（2）效率提升：通过一键自动剪辑，显著减少视频制作所需时间，提升出片效率。

（3）成本节省：自动化剪辑减少了对专业剪辑师的依赖，降低了剪辑人力成本。

（4）选择多样：提供多个版本的成片供用户选择，用户可以根据需求挑选最合适的成片内容。

智能剪辑还包含以下3款剪辑类型。

• 通用电商：通用电商优先使用无字幕的素材进行混剪，系统预设了多种元素，如字幕、配音、配乐。同时支持自定义这些元素，添加LOGO、水印、主副标题、提示语等，支持添加多个脚本，批量生成成片。

• 短剧：支持对短剧分镜进行智能选取、拼接，支持前情回顾去重、胸部暴露等审核风险画面、字幕脏词智能打码、智能消音、贴纸/动画/风险提示语/引导尾贴自动组合渲染，实现短剧营销视频的批量生产。

• 生活服务："生活服务"功能是面向抖音商家研发的成片工具，用户只需绑定本地账户，即可选择账户、门店、商品，上传视频原料后，即可生成多个版本的成片供选择。

下面以一款白色长裙为例，使用智能剪辑功能制作出一款电商宣传短视频，下面是具体的操作步骤。

01 打开即创主页，在其主页单击"AI视频"|"智能剪辑"按钮，进入相应

的页面，如图4-18所示。

图 4-18

02 单击"添加视频"按钮，可选择从原料库上传视频素材或从本地上传视频素材，如图4-19所示，这里选择本地上传，单击"点击上传"按钮即可。

图 4-19

03 上传成功后，单击"确定并保存到原料库"按钮，即可完成视频的上传。单击"帮我写脚本"按钮，在弹出的编辑框内，填写商品信息、商品卖点、脚本风格等信息，如图4-20所示。

图 4-20

04 执行操作后，单击"帮我写脚本"按钮，即可自动生成两个脚本内容，如图4-21所示。如果遇到满意的脚本内容可以单击"保存至脚本库"按钮，下次需要生成类似的电商视频时，也可以使用该脚本内容。单击"编辑"按钮，可以对该脚本进行在线编辑，更改脚本内容。

图 4-21

05 选择一个较为满意的脚本内容，单击"确定"按钮，即可自动添加至脚本框内，如图4-22所示。

图 4-22

06 单击"字幕样式"下拉按钮，即可弹出元素预设编辑框，在编辑框内可选择脚本字幕的样式、配音的音色、背景音乐、花字等预设，如图4-23所示。

图 4-23

07 添加完元素预设后，单击"保存"按钮即可保存。然后再选择视频比例和视频包装风格，单击"立即生成"按钮，即可自动剪辑视频内容，如图4-24所示。

图 4-24

08 单击生成后的视频，即可预览视频，画面如图4-25所示。

09 单击视频下方的"编辑"按钮，即可在线编辑视频脚本字幕、音乐、配乐等元素，如图4-26所示。

图 4-25　　　　　　　　　　　　　　　图 4-26

10 单击视频下方的"保存"下拉按钮，用户可选择"保存""确认发布抖音""下载"等选项，如图4-27所示。

图 4-27

11 最终案例效果展示如图4-28至图4-30所示。

图 4-28　　　　　　　　　图 4-29　　　　　　　　　图 4-30

2. 数字人成片

通过即创平台最新的数字人成片功能，无须真人出镜演出，即可完成商品口播讲解的视频制作，且具有以下几个优点。

（1）成本优势：无须担心传统视频制作中的人员、场地和设备问题，省去了实地拍摄、演员和后期制作等的高昂成本。

（2）快速生产：相比传统视频制作，数字人成片大幅缩短了视频制作周期。

（3）生产灵活：即创提供了3500多种数字人形象选择，适用于多种行业和场景，广告主和创作者可以更灵活、更快速地响应市场变化，满足目标受众的偏好和需求。

下面以一个天气播报软件为例，使用数字人成片功能制作一款介绍该软件的数字人效果。

01 打开即创主页，单击"AI图文"|"数字人成片"选项，进入数字人成片编辑页面，如图4-31所示。

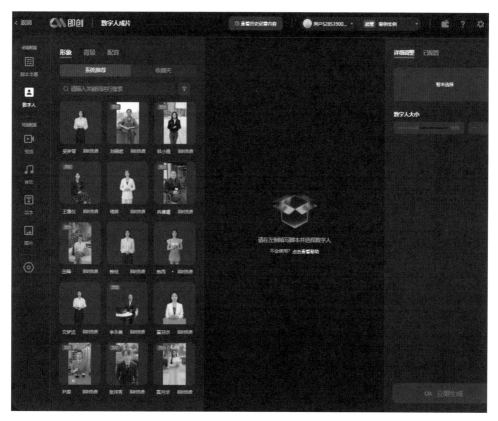

图 4-31

02 在左侧的工具栏中单击"脚本字幕"选项，在输入框内中输入文案内容，可以通过AI智能生成脚本，只需选择相关领域，输入产品相关使用特点即可，如图4-32所示。

图 4-32

03 输入文案内容后，单击左侧工具栏中的"数字人"选项，选择所需的数字人形象，并调整数字人的位置和大小，如图4-33所示。

图 4-33

提示：需要注意的是，有些数字人的背景和大小是固定不能调节的，因此在选择数字人形象时需要注意辨别。

04 用户还可以根据自己视频的需求，在左侧工具栏中分别选择花字、音乐、视频等素材，如图4-34至图4-36所示。

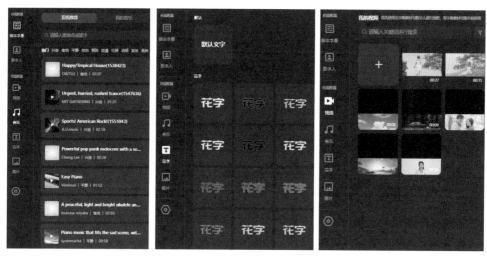

图 4-34　　　　　　　　　　　图 4-35　　　　　　　　　　　图 4-36

05 编辑好视频后，单击"立即生成"按钮，即可生成视频，案例效果展示如图4-37所示。

图 4-37

4.2.2　图文创作

随着广告行业的不断发展，创意的体裁也不断地发生改变，抖音图集所具有的多样性、文字加持、可视化效果、分享传播和引导流量等优势，能够成为一种有效的创意推广方式。因此，利用即创推出的图文生成工具，用户只需提供商品PID及相关需求描述，即可生成对应的商品图片、配乐及文案。下面介绍使用图文创作功能制作一个卫生纸的图文推广短视频。

01 打开即创，单击主页中的"AI图文"|"图文工具"按钮，进入相应的页面，在商品信息框内输入商品的URL链接或商品链接，如图4-38所示。

提示：商品URL链接和商品ID可以在抖店、巨量千川、巨量百应后台获取。每个用户每天最多可拉取100个商品ID。

02 添加自定义图片，选择音乐风格，设置关键卖点，单击"立即生成"按钮，图文生成工具会生成2～5张图片、1段音频，以及1段50～200字的文案，如图4-39所示。

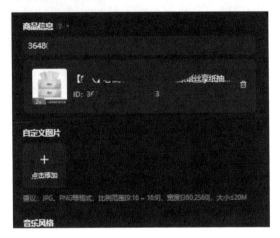

图 4-38

图 4-39

03 单击"仅保存至资产库"按钮，即可保存至资产的素材库或图文库中，如图4-40所示。

图 4-40

04 生成图文后，也可以选择直接推送至巨量千川账户，单击"选择广告账号"按钮，输入需要推送的广告账号，单击"确定推送"按钮即可推送，如图 4-41 所示。

图 4-41

05 用户也可以选择推广至抖音，单击"确认授权发布抖音"按钮，使用最新版抖音App扫码获取图文内容，即可完成抖音推广，如图4-42所示。

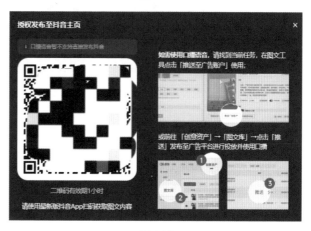

图 4-42

4.2.3 直播创作

对一场直播来说，直播的脚本话术和直播间风格是必不可少也是极为重要的一环。下面介绍具体的操作方法。

1. AI直播脚本

AI直播脚本功能支持生成多篇直播脚本。用户只需提供商品信息，该工具就会快速生成一篇参考性极高的直播间脚本方案，不管是作为直播模板还是从中提取灵感，都是一种快速提升效率的方法。下面介绍使用AI直播脚本功能制作一段直播脚本的操作步骤。

01 打开即梦主页，单击"AI直播脚本"，进入其页面后，在"商品信息"一栏，输入商品URL或商品ID，如图4-43所示。

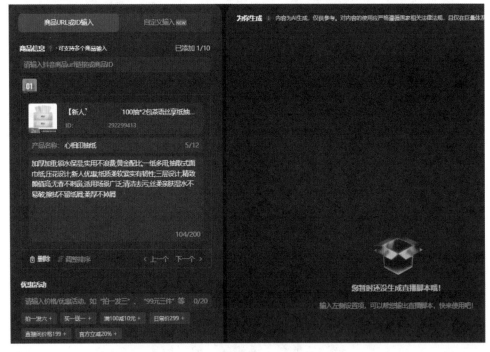

图 4-43

02 选择性添加优惠活动、直播间玩法和参与营销节点，增加与观众的互动，如图4-44所示。

03 单击"立即生成"按钮，即可生成相应的直播脚本及话术内容，如图4-45所示。单击"编辑"按钮，还可在线编辑文本内容。

图 4-44　　　　　　　　　　　　　　　　　　图 4-45

　　提示：如果生成的脚本中有高危风险词，将用不同的字体标出，用户根据提示进行修改即可，如图4-46所示。

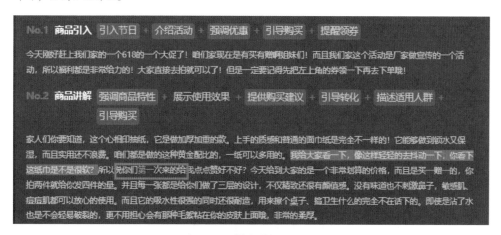

图 4-46

　　04 在生成的图文中还有营销公式和正文对应功能，将鼠标指针移至营销公式上方，即可自动对应正文内容，帮助主播举一反三，如图4-47所示。

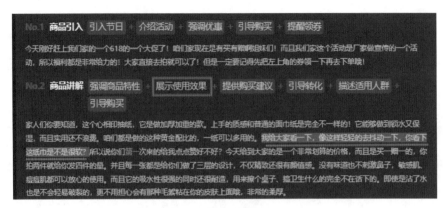

图 4-47

2. 直播间装修

直播间装修功能不仅支持生成各种类型的直播脚本，还可以根据商品PID及相关需求描述，生成对应的直播场景物料，下面是具体的操作步骤。

01 打开即创主页，单击"直播间装修"按钮，进入其主页，在"商品信息"一栏输入商品URL或商品ID，如图4-48所示。

图 4-48

02 根据自己实际需要添加直播主题、直播标题和场景风格等预设项，如图4-49所示。

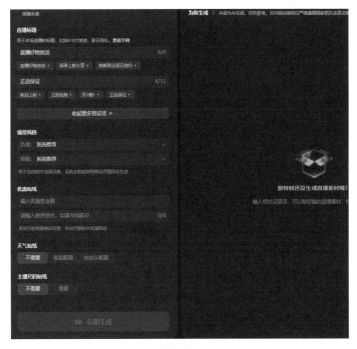

图 4-49

03 单击"立即生成"按钮，生成对应的直播信息，一般包括直播标题、商品视频、背景、直播商品和贴纸等，如图4-50所示。效果预览如图4-51所示。

图 4-50

图 4-51

提示：单击"生成更多"按键，可以支持重新生成单个元素。

04 单击"保存至资产库"按钮，可以在"资产"|"素材库"中管理直播素材库，如图4-52所示。

图 4-52

4.2.4 使用"脚本裂变"功能参考脚本进行生成

即创的脚本裂变功能是指通过上传希望AI学习的脚本或者视频，自动解析文本，该功能会针对爆款文案进行深度分析与学习，对爆款文案进行重构和裂变，精准匹配特定爆款素材的文风和语态进行生成，为产品塑造接近爆款效应的脚本文案。下面介绍其具体操作步骤。

01 打开"即创"主页，单击"AI视频脚本"|"脚本裂变"选项，在"参考脚本"一栏上传脚本或上传带口播的视频，如图4-53所示，即创将自动解析文本。

02 解析完成后，将自动生成脚本文案，如图4-54所示。

图 4-53

图 4-54

提示：参考脚本中如果包含品牌词或高风险词，为避免版权和审核风险需要进行修改，如图4-55所示。

03 在"产品信息"一栏输入商品URL链接或商品ID，并在产品卖点上填写关键词或使用其推荐词，如图4-56所示。

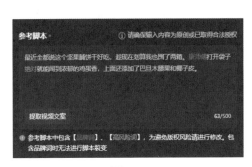

图 4-55　　　　　　　　　　　　　　　　　图 4-56

04 单击"立即生成"按钮，即可为产品塑造接近爆款效应的脚本文案，如图4-57所示。

图 4-57

4.2.5　使用商品卡工具生成产品素材

使用商品卡工具只需提供商品PID及相关需求描述，就可以快速生成一批高质量、丰富度高的商品图，帮助商家快速生成商品卡图片素材、提升素材丰富度和多样性，下面是详细操作步骤。

01 打开即创主页，单击"商品卡工具"/"快速生成"/"自定义生成"选项，在"商品信息"一栏中输入商品URL链接或商品ID，以获取商品轮播图片，如图4-58所示。

提示：快速生成是根据系统推荐生成商品背景风格的，并且是自动生成营销边框的。自定义生成与快速生成不同，它支持自定义选择商品背景风格，可根据营销需求修改商品信息，生成营销边框。如图4-59所示为快速生成界面。

02 选择性添加背景风格、营销节日、营销价格、商品名称、商品卖点等，如图4-60所示。

图 4-58

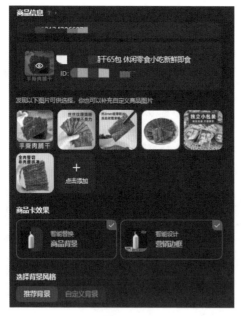

图 4-59

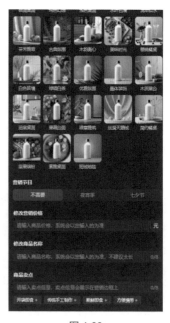

图 4-60

03 用户也可以单击"自定义背景"选项，输入背景描述，如主体＋环景＋搭配元素，以及氛围/风格、画质、光线等描述，单击"立即生成"按钮，即可生成自定义背景，如图4-61所示。

04 执行操作后，商品卡工具会生成5个具有差异的商品图，可以选择满意的图片保存至资产库或推送并保存，如图4-62所示。

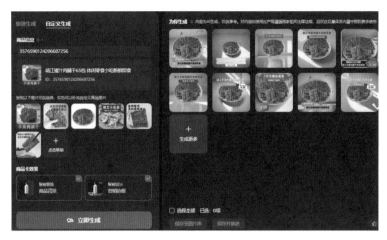

图 4-61

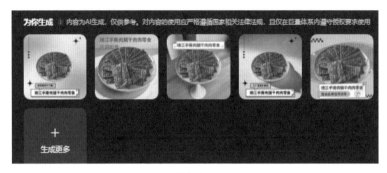

图 4-62

05 用户还可以单击"生成更多"按钮或修改相关提示词，直至达到满意的效果，如图4-63所示。

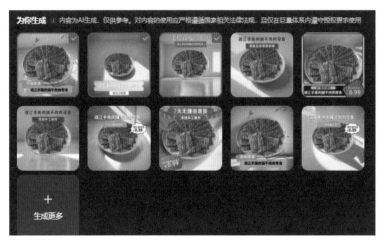

图 4-63

第 5 章
剪映，一学就会的抖音官方剪辑神器

　　在数字化时代的浪潮中，视频编辑技术成了每个人都可以掌握的一项基本技能。随着短视频平台的兴起，使得视频内容创作变得愈发普及和重要。剪映作为一款强大的视频编辑软件，凭借其简单易用、功能丰富的特点，迅速成为视频创作者的首选。

5.1　快速上手剪映

剪映App是一款非常流行的手机视频剪辑软件。不仅界面友好、简单易用，而且还拥有丰富的特效和滤镜。剪映专业版是抖音继剪映移动版之后，推出的在PC端使用的一款视频剪辑软件。剪映App与剪映专业版的最大区别在于二者基于的用户端不同，因此界面的布局势必有所不同。本节分别对如何下载并安装剪映App和专业版，以及其基本功能和工作界面进行详细介绍。

5.1.1　下载并安装剪映

剪映App和剪映专业版的下载与安装方式有所不同。要安装剪映App，只需在手机应用商店中搜索"剪映"并点击安装即可。而剪映专业版则需要在计算机浏览器中搜索"剪映专业版"，进入官方网站后，单击主页上的"立即下载"按钮进行安装。下面将详细讲解具体的操作步骤。

1. Android系统手机

01 打开手机，在桌面上找到自带的"应用商店"或"软件商店"，如图5-1所示。

02 进入"软件商店"后，在其上方的搜索框内输入"剪映"，即可搜索相关内容，如图5-2所示。在弹出的搜索结果中选择剪映，点击"安装"按钮，即可完成安装，如图5-3所示。

图 5-1

图 5-2

图 5-3

2. iOS系统手机

01 打开手机中的App Store（应用商店），进入App Store（应用商店）后，进入搜索界面，在搜索栏中输入"剪映"，如图5-4至图5-6所示。

图 5-4　　　　　　　　　　　图 5-5　　　　　　　　　　　图 5-6

02 搜索到应用后，可直接点击应用旁的"获取"按钮进行下载安装；也可以进入应用详情页，在其中点击"获取"按钮进行下载安装。完成安装后可在桌面找到该应用，如图5-7至图5-9所示。

图 5-7　　　　　　　　　　　图 5-8　　　　　　　　　　　图 5-9

3. 剪映专业版

01 打开浏览器，在搜索框内搜索关键词"剪映"，查找相关内容，如图5-10所示。

02 单击相关内容，进入剪映官网，在官网首页单击"立即下载"按钮，如图5-11所示。

图 5-10

图 5-11

03 单击该按钮后，浏览器将弹出任务下载框，单击"打开文件"按钮，如图5-12所示，即可安装剪映专业版，如图5-13所示。

图 5-12

图 5-13

5.1.2　认识工作界面

由于面向的用户群体不同，剪映App和剪映专业版的界面布局存在明显的差异。与剪映App相比，剪映专业版利用了电脑屏幕的优点，为用户展现了更为直观、全面的画面编辑效果。下面将分别介绍剪映App和剪映专业版的工作界面。

1. 剪映App

（1）主界面

在手机桌面上点击剪映App将其打开，首先显示的是默认的剪辑界面，也称剪映App的主界面，如图5-14所示。通过点击界面底部导航中的"剪同款" 、"创作课堂" 、"消息" 、"我的" 按钮，来切换至对应的功能界面，各界面的功能简单说明如下。

· 剪同款：提供多样化的模板，不仅有适用于所有场合的模板，还有专门的商用模板。用户可以通过右滑选项选择并应用模板，或者通过搜索功能快速找到适合自己需求的模板进行套用。

· 创作课堂：包含抖音的各种热门视频剪辑教程及流行玩法。

· 消息：主要由官方、评论、粉丝、点赞4个功能模块组成。

· 我的：展示个人主页资料与查看自己喜欢或收藏的模板，以及已购的模板和脚本。

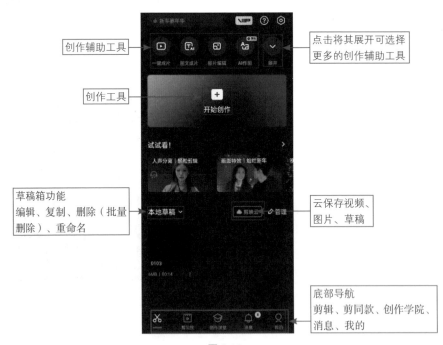

图 5-14

（2）编辑界面

在主界面点击"开始创作"按钮 ，进入素材添加界面，在选择相应的素材并点击"添加"按钮后，即可进入视频编辑界面，如图5-15所示，该界面由3部分组成，分别为预览区、时间线和工具栏。

　　预览区：预览区的作用在于可以实时查看视频画面，随着时间线所处于视频轨道的不同位置，预览区会显示当前时间线所在那一帧的画面。可以说，视频剪辑过程中的任何一个操作，都需要在预览区中确定其效果。当对完整的视频进行预览后，发现已经没有必要继续修改时，一个视频的后期剪辑就完成了。

　　在图5-15中，预览区左下角显示的00:00/00:05，表示当前时间线位于的时间刻度为00:00、00:05则表示视频总时长为5s。

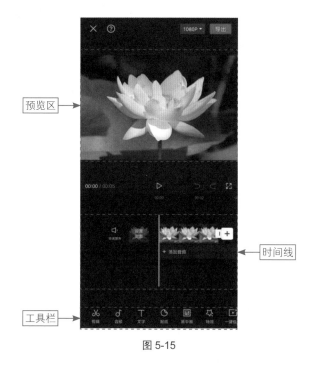

图 5-15

　　点击预览区下方的▷图标，即可从当前时间线所处位置播放视频；点击⤺图标，即可撤回上一步操作；点击⤼图标，即可在撤回操作后，再将其恢复；点击⤢图标可全屏预览视频。

　　时间线：在使用剪映对视频进行后期剪辑时，90%以上的操作都是在时间线区域完成的，该区域包含三大元素，分别是"轨道""时间线"和"时间刻度"。当需要对素材长度进行裁剪或者添加某种效果时，就需要同时运用这三大元素来精确控制裁剪和添加效果的范围。

　　工具栏：剪映编辑界面的最下方即工具栏，剪映中的所有功能几乎都需要在工具栏中找到相关选项进行操作，在不选中任何轨道的情况下，剪映显示的是一级工具栏，点击相应按钮，即可进入二级工具栏。

　　需要注意的是，当选中某一轨道后，剪映工具栏会随之发生变化，变成与所选轨道相匹配的工具。图5-16所示为选中图像轨道时的工具栏，图5-17所示则为选中音频轨道时的工具栏。

图 5-16

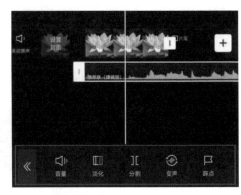

图 5-17

2. 剪映专业版

剪映专业版的主界面主要分为六大区域，分别为工具栏、素材区、预览区、素材调整区、常用功能区和时间线区，如图5-18所示。在这六大区域中，分布着剪映专业版的大部分功能和选项。其中占据空间最大的是"时间线"区域，而该区域也是人们在编辑视频时经常用到的。剪辑的绝大部分工作都是对时间线区域中"素材轨道"上的素材进行编辑，从而达到理想的视频效果。

图 5-18

5.2　剪映实战剪辑

本节将介绍如何使用剪映App进行实战剪辑，从创建项目导入素材开始到导出视频成片结束，详细讲解制作一个短视频的完整步骤。

5.2.1　创建项目导入素材

剪映App作为一款手机端应用，它与市场上大部分的剪辑软件有许多相似点。例如，在素材的轨道分布上同样做到了一类素材对应一个轨道。

打开剪映App，在主界面中点击"开始创作"按钮➕，如图5-19所示，打开手机相册，用户可以在该界面中选择一个或多个视频或图像素材。完成选择后，点击底部的"添加"按钮，如图5-20所示。进入视频编辑界面后，可以看到选择的素材分布在同一条轨道上，如图5-21所示。

图 5-19　　　　　　　　　　图 5-20　　　　　　　　　　图 5-21

提示：用户除了使用自己的照片和视频素材，还可以在剪映素材库中添加照片和视频素材。点击轨道右侧的"添加"按钮➕，如图5-22所示。在素材添加界面切换至素材库界面，如图5-23所示。用户可以在素材库中选择需要使用的素材，完成选择后，点击"添加"按钮，进入视频编辑界面，即可看到剪映素材库中的视频素材，如图5-24所示。

图 5-22

图 5-23

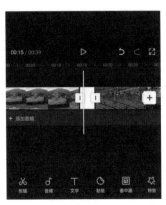
图 5-24

5.2.2 对素材进行变速处理

对素材进行变速处理主要是用来改变素材的画面播放速度的，使视频呈现出快慢变化的节奏。而灵活地使用变速，可以使得视频的观感更具张力。下面是具体的操作流程。

01 选中导入后的第1段视频素材，点击下方工具栏中的"变速"|"常规变速"按钮，如图 5-25 所示。

02 执行操作后即可进入变速界面，将变速调整为1.6倍速，如图5-26所示，点击右下角的✓按钮，即可完成第1段素材的变速处理。

03 选中第2段素材，点击"变速"|"曲线变速"按钮，进入曲

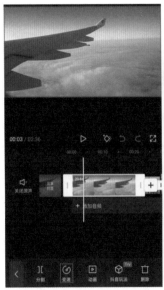

图 5-25

线变速界面，如图 5-27 所示。

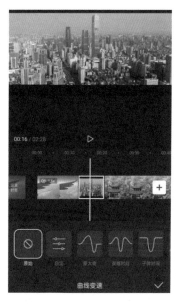

图 5-26　　　　　　　　　　　　　　　　图 5-27

04 点击"自定"|"点击编辑"按钮，将后两个锚点调整至 0.5 倍速，如图 5-28 所示，选中"智能补帧"复选框，生成丝滑的慢动作，点击✅按钮即可完成第 2 段素材的曲线变速处理。

05 按照上述步骤，为剩余素材片段添加曲线变速效果，如图 5-29 所示。

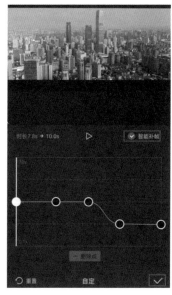

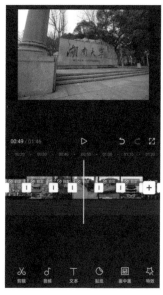

图 5-28　　　　　　　　　　　　　　　　图 5-29

5.2.3 调整素材持续时长

通过调整的视频时长、素材画面大小，使视频整体性更为连贯、精美。下面介绍其具体操作步骤。

01 选中画面大小不协调的视频素材，使用双指拉伸视频，直至填满整个屏幕，如图5-30所示。

02 选中第1段素材，拖动边缘的边框将时长调整至8秒，如图5-31所示。将剩余视频素材时长调整至4秒，如图5-32所示。

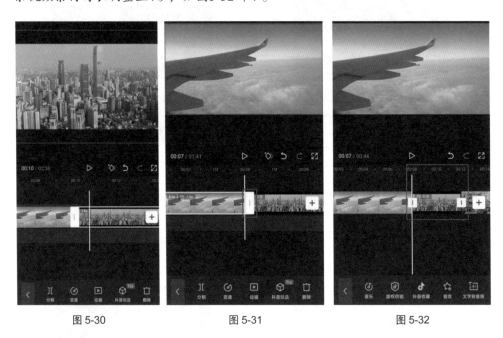

图 5-30   图 5-31   图 5-32

5.2.4 为视频添加字幕

通过添加字幕并为字幕添加动画效果和字体，为视频填补了空白区域，也达到了介绍视频片段或故事情节的效果。下面介绍为视频添加字幕的具体操作步骤。

01 将时间线拖动至第2段素材开头处，点击"文字"|"新建文本" A+ 按钮，输入想要输入的文字内容并拖动至合适的位置，如图5-33所示。

02 点击下方工具栏中的"编辑"按钮，给文字设置字体、样式、花字等，如图5-34所示。

03 选中新建的文字，点击"动画"|"入场"|"冰雪飘动"入场动画，设置入场时长为1.5秒，如图5-35所示。

04 为余下片段素材依次添加字幕效果。字幕效果添加完毕后，时间线区素材排列如图5-36所示。

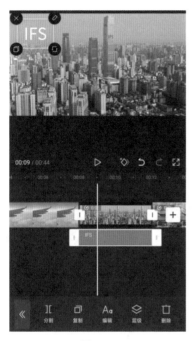

图 5-33

图 5-34

图 5-35

图 5-36

5.2.5　导入与处理音频

通过给视频添加背景音频可以传达情感和情绪，使观众更深入地理解和感受视频内容。在短视频中，有时候需要强调某个场景、动作或情感，这时可以通过添加音效或节拍来突出这些内容。例如，在背景音频节拍处，进行视频素材的转场、突出某个元素等。下面介绍具体操作步骤。

01 点击底部工具栏中的"音频"|"音乐"按钮，进入音乐素材库，添加音乐 What U Do（Explicit），如图 5-37 所示。

02 将时间线移动至主视频轨道末端，点击音频素材，在底部工具栏中点击"分割"按钮，将多余的素材分割出来。点击多余的音频素材，再点击底部工具栏中的"删除"按钮，删除多余的素材。处理完毕后的时间线区域如图 5-38 所示。

图 5-37　　　　　　　　　图 5-38

03 点击音乐素材轨道，再点击底部工具栏中的"节拍"|"自动踩点"按钮，并将速度调为慢速，如图 5-39 所示。

04 将一段素材尾端调节至第三个节拍处，其余视频素材首尾端都放置在节拍处，如图 5-40 所示，调整完成后，先将其放置一边，命名为"原素材1"。

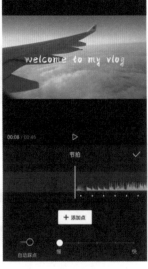

图 5-39　　　　　　　　　图 5-40

5.2.6 制作片头与片尾

短视频的片头与片尾在整个短视频中扮演着不可或缺的角色，片头是观众接触视频的第一印象，因此它需要迅速吸引观众的注意力。而片尾为视频内容提供了一个正式的结束，让观众知道视频已经结束，避免突兀的收尾感。

1. 制作片头蒙版滚动开场

片头蒙版滚动开场主要使用滚入动画、混合模式、添加关键帧等功能进行制作。下面介绍具体操作流程及步骤。

01 打开剪映App，点击"开始创作"按钮[+]，进入素材添加界面，点击切换至"素材库"选项卡，选择其中的黑场素材，完成选择后点击界面右下角的"添加"按钮 添加 ，将其添加至剪辑项目中，如图5-41所示。将黑场素材时长调整至5秒，并将画面比例调整为原始，如图5-42所示。

02 在未选中任何素材的状态下，点击底部工具栏中的"新建文本"按钮 A+ ，如图5-43所示。

图 5-41

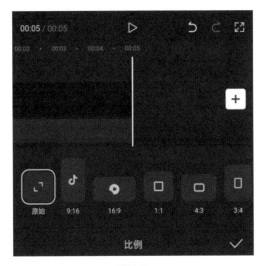

图 5-42

图 5-43

03 在文本编辑框中编写所需要的文字，例如在示例中编写的是"2"，如图5-44所示。

04 选中刚才新建的文本框，点击底部工具栏中的"动画"按钮，选择"入场" | "滚入"动画，如图5-45所示。

图 5-44

图 5-45

05 将时间线拖动至第1段的12f处，然后将剩下所需的文字以同样的方式进行编辑，以此类推，如图5-46所示，并将所有文字尾端的长度调整至与黑场长度一致，如图5-47所示。单击"导出"按钮 导出 ，将片头文字滚动视频导出。

图 5-46

图 5-47

06 打开"原素材 1"，点击"画中画"|"新增画中画"按钮，导入刚刚导出的"片头文字滚动"素材，如图 5-48 所示。

07 选中画中画素材，将图片拉伸至与"飞行"素材同样大小，然后选择"混合模式"中的"变暗"模式，如图 5-49 所示。

08 再次选中画中画素材，点击"蒙版"|"线性"按钮，如图 5-50 所示。使用线性蒙版功能就能获得以分割线为基础，将图片拉伸至两端的动画效果。

09 复制画中画素材视频，拖动至图片下方对齐，如图 5-51 所示。

10 选中复制的画中画素材，点击"蒙版"|"反转"按钮，如图 5-52 所示。

11 选中第 1 段画中画视频，点击"动画"|"出场动画"|"向上滑动"，时长调动至 1.5 秒，如图 5-53 所示。

12 选中第二段画中画视频，选择"动画"|"出场动画"|"向下滑动"选项，将时长调至 1.5 秒，如图 5-54 所示。

图 5-48

图 5-49

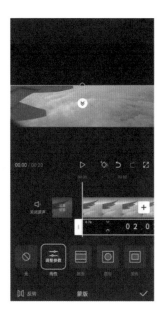

图 5-50

图 5-51

13 将时间线拖动至上下快要分开的位置，点击"文字"|"新建文本"按钮，输入想要输入的文字内容，如图5-55所示。

图 5-52   图 5-53

14 选中文本，选择"动画"|"入场动画"/"出场动画"选项，给文本添加入场动画和出场动画，如图5-56所示。

图 5-54   图 5-55   图 5-56

2. 为视频制作片尾闭幕效果

与开头一样，短视频的片尾也同样重要，它不仅能够加深观众对视频的印象，还可以作为一个故事的结尾，为观众提供一个完整的体验。下面介绍使用剪映App制作视频片尾的具体操作步骤。

01 将时间线拖至最后一段的最后一秒处,添加关键帧,如图5-57所示。

02 拖动时间线至视频末尾,点击"不透明度"按钮,如图5-58所示,将"不透明度"值调整为0,如图5-59所示。

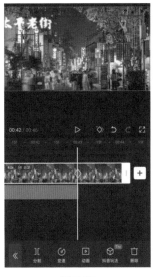  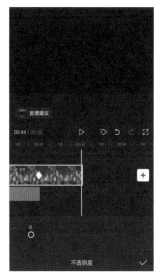

图 5-57　　　　　　　　图 5-58　　　　　　　　图 5-59

03 再将时间线拖至最后一段视频的一秒处,点击工具栏中的"文本"|"新建文本"按钮,添加结尾文本内容,如图5-60所示。

04 点击工具栏中的编辑按钮,进入"文字模板"选项卡,选择合适的文字模板,如图5-61所示。同样也可以根据个人喜好添加字体、样式、动画等内容。

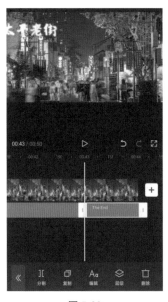 

图 5-60　　　　　　　　图 5-61

5.2.7　导出视频成片

导出视频成片是短视频创作的关键步骤，确保作品以完整、标准的形式呈现。它提高了视频的兼容性和可分享性，便于存档和备份，并为进一步处理和质量检测提供了基础。下面介绍剪映App的导出视频成片步骤。

01 点击界面上方的导出设置下拉按钮，即可选择所需的分辨率、帧率和码率等参数，如图5-62所示。

02 执行操作后，点击界面右上角的"导出"按钮，即可导出视频成片，如图5-63所示。导出视频后，可直接同步分享视频到抖音或西瓜视频。

图 5-62

图 5-63

5.3　认识剪映 App 模板

剪映App模板是指预先制作好的包含视觉效果、转场、文本动画等元素的一系列视频模板，用户可以直接在剪映软件中导入并使用这些模板，以快速生成具有特定风格和主题的视频内容。本节将介绍如何使用剪映App中的模板，并介绍一些关于模板的常见问题。

5.3.1　如何使用模板

剪映App提供的丰富模板资源让非专业用户也能轻松制作出令人惊艳的视频

作品，下面将详细介绍如何使用模板制作出精美的视频。

01 打开剪映App，点击"开始创作" ⊞ 按钮，进入素材添加页面，选择图片素材，点击"添加"按钮，将素材添加至视频轨道中，如图5-64所示。

02 执行操作后，在底部的工具栏中点击"模板"按钮，如图5-65所示。

图 5-64

图 5-65

03 在弹出的"模板"选择界面中，可以任意选择所需的模板样式，如图 5-66 所示。

04 选择并点击模板后，即可预览模板效果，点击"去使用"按钮，如图5-67所示。

05 执行操作后，即可进入素材添加界面，如图5-68所示。选择并点击图片素材，点击"下一步"按钮，如图5-69所示，即可开始套用模板，合成视频。

图 5-66

图 5-67

图 5-68

图 5-69

06 合成结束后，即可预览视频效果，点击"完成"按钮，如图5-70所示，返回视频编辑界面。

07 选择之前导入的图片素材，点击"删除"按钮，如图5-71所示，将其删除，点击界面右上角的"导出"按钮，即可将制作好的视频导出。

图 5-70

图 5-71

5.3.2　关于模板的常见问题

在视频编辑的世界里，模板作为提升效率、激发创意的重要工具，被广大用户广泛使用。然而，在使用模板的过程中，用户常常会遇到一些疑问和困惑。下面介绍关于模板的常见问题，以帮助用户更好地使用模板，让视频创作变得更加顺畅和高效。

1. 模板付费导出和草稿解锁有什么区别

模板付费导出：是指在导入素材后，需要付费才可将视频导出，可以套用模板但无法对模板本身做修改。

草稿解锁：是指用户可以在解锁后编辑模板本身的视频轨道，包括音乐、显示时长、特效、滤镜等相关内容。

2. 模板分栏有哪些

目前的模板分栏包含：关注、推荐、卡点、情感、玩法、友友天地、萌娃、纪念日、大片、情侣、美食、旅行、Vlog、动漫、萌宠、游戏、跟唱、时长。

"关注"模板分栏展示的是用户所关注的模板创作人的模板，实时了解喜欢的模板创作人是否有新更新的模板内容。

"推荐"模板分栏展示的是根据用户的喜好和近期平台大部分用户都喜欢看的内容，为用户推荐可能喜欢的相关内容。

其他分类均为不同领域的分类，用户可以根据自己的喜好进入来剪同款。

3. 如何更换模板音乐

在使用现成的模板时，可能会发现其中的音乐并不完全符合自己的视频主题或风格。这时，更换模板中的音乐就成了一个必要的步骤。下面将详细讲解这一过程。

01 打开剪映App，点击"剪同款"按钮进入模板选择界面，如图5-72所示。

02 任意选择一款模板，制作一段剪同款视频，如图5-73所示。

03 点击"导出"按钮，将使用模板后制作的剪同款视频导出

图 5-72　　　　　　　　图 5-73

后，点击"开始创作"按钮，如图5-74所示，重新导入剪映，如图5-75所示。

图 5-74   图 5-75

04 点击"关闭原声" 🔊 按钮，即可关闭模板中自带的音乐，如图5-76所示。

05 点击"音频"|"音乐"按钮，如图5-77所示，进入音乐素材选择页面。

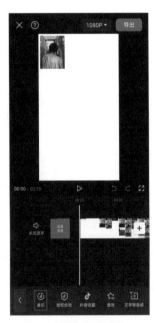

图 5-76   图 5-77

06 点击"使用"按钮，将音乐素材添加至轨道中，如图5-78所示，即可更换模板自带音乐。

图 5-78

5.4　剪映 App 中的 AI 成片功能

使用剪映中的AI成片功能，用户只需上传简单的素材和调整相关参数，系统便能自动生成高质量的视频成片。无论是新手创作者还是资深视频编辑者，都能极大地提升视频制作的效率与创意空间。

5.4.1　使用"剪同款"功能制作动态相册

"剪同款"功能在剪映App中扮演着模板化创作的角色。它内置了丰富的视频模板，这些模板通常包含特定的剪辑风格、滤镜效果、音乐配乐及转场动画等元素。用户只需选择自己喜欢的模板，然后替换其中的素材内容（如图片、视频片段等），即可快速生成一段风格统一、效果出众的视频作品。下面介绍使用"剪同款"功能制作动态相册的具体操作步骤。

01 打开剪映App，点击界面下方的"剪同款"🎬按钮，进入其模板选择界面，如图5-79所示。

02 在搜索栏中，输入"动态相册"，点击"搜索"按钮，如图5-80所示，即可显示相应的模板。

图 5-79　　　　　　　　　　　　　　　　图 5-80

03 点击所需模板，进入模板预览界面。点击"剪同款"按钮，如图5-81所示，进入素材替换界面，选中所需素材，即可完成替换，点击"下一步"按钮，如图5-82所示。

图 5-81　　　　　　　　　　　　　　　　图 5-82

04 进入视频编辑页面，如图5-83所示。点击"文本"|"添加文字"按钮，为视频添加文字内容，如图5-84所示，并调整文字的位置和大小。

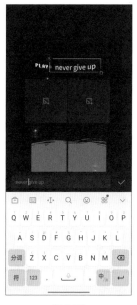

图 5-83　　　　　　　　　　　　　　　　图 5-84

05 点击"导出"按钮，在弹出的"导出设置"面板中点击"保存"按钮，如图5-85所示，即可将视频内容保存至相册和草稿中，如图5-86所示。

图 5-85　　　　　　　　　　　　　　　　图 5-86

5.4.2　使用"一键成片"功能制作日常Vlog

随着日常生活记录和分享需求的增加，制作Vlog已成为许多人表达自我和分享生活的重要方式。然而，烦琐的视频编辑工作常常令初学者望而却步。而使用剪映中的"一键成片"功能，只需上传素材并选择模板，系统便会自动完成剪辑、配乐和特效处理，使Vlog制作变得轻松。下面介绍使用一键成片功能制作日常Vlog的具体操作步骤。

图 5-87　　　　　　　图 5-88

01 打开剪映 App，点击界面中的"一键成片"按钮，如图5-87 所示，进入素材添加界面，如图 5-88 所示。

02 点击需要上传的视频素材，点击"下一步"按钮，如图 5-89 所示，进入"选择模板"界面，如图 5-90 所示。

03 选择"日常 Vlog"模板，即可自动合成相应的内容，如图 5-91 所示。点击"点击编辑"按钮，即可进入素材编辑页面，如图 5-92 所示。

04 任意长按一段素材，进入调整素材顺序页面，通过长按拖拽即可调整视频素材的播放顺序，如图5-93所示。

05 点击界面右上方的"导出"按钮，在弹出的"导出设置"面板中点击"保存"按钮，即可将视频保存至本地，如图5-94所示。

图 5-89　　　　　　　图 5-90

图 5-91

图 5-92

图 5-93

图 5-94

5.4.3 使用"剪口播"功能快速制作口播视频

"剪口播"功能可以智能识别视频中的语音内容，并将其转化为文字，同时允许用户直接在文字层面进行编辑和修改。这一功能极大地简化了传统口播视频剪辑中需要逐帧核对和修改的步骤，提高了剪辑效率。下面介绍利用"剪口播"

功能快速制作口播视频的具体操作步骤。

01 打开剪映App，点击"开始创作"按钮，如图5-95所示。在选择素材界面中点击素材，并点击"下一步"按钮，如图5-96所示，进入视频编辑页面。

图 5-95　　　　　　　　　　　　　　图 5-96

02 选择轨道上的视频素材，点击界面下方的"剪口播"按钮，如图5-97所示，即可弹出剪口播编辑界面，如图5-98所示。

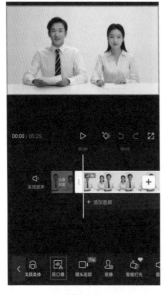

图 5-97　　　　　　　　　　　　　　图 5-98

03 长按口播文字内容，可以将其"删除"或"复制"，如图5-99所示。点击"标记无效片段"按钮，即可选择无效片段但并不会删除文字内容，如图5-100所示。

图 5-99

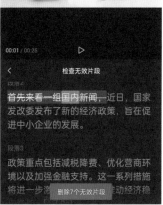

图 5-100

04 调整完成后，点击"确认"按钮，即可完成口播视频的编辑，如图5-101所示。点击"导出"按钮，即可将口播视频保存至本地或保存为草稿，如图5-102所示。

图 5-101

图 5-102

5.4.4 使用"营销成片"功能批量生产带货视频

"营销成片"功能集成了剪映的多种视频编辑和创作能力，专为营销场景设计。用户只需导入相关素材（如图片、视频片段、音频等），剪映便能根据所选模板一键生成营销视频。下面介绍使用"营销成片"功能批量生产带货视频的具体操作步骤。

01 打开剪映 App，点击主界面中的"展开"选项，如图 5-103 所示，点击"营销成片"功能按钮，如图 5-104 所示，进入"营销推广视频"界面。

02 点击添加素材按钮，在"照片视频"界面点击需要添加的视频素材，如图 5-105 所示。点击"下一步"按钮即可添加视频素材，如图 5-106 所示。

03 在"商品名称"和"商品卖点"输入框中输入相关文本内容，如图 5-107 所示。用户也可以点击"输入／提取"按钮，支持手动输入或提取本地视频文案，如图 5-108 所示。

04 点击"展开更多"下拉按钮，如图 5-109 所示，可以添加更多的生成视频相关信息，如使用人群、优惠活动、尺寸和时长，如图 5-110 所示。

05 调整完相关视频参数后，点击"生成商品视频"按钮，如图5-111所示，即可

图 5-103

图 5-104

图 5-105

图 5-106

自动生成5个营销视频，并附上文案、播报和剪辑等，如图5-112所示。

图 5-107　　　　　　　　图 5-108　　　　　　　　图 5-109

图 5-110　　　　　　　　图 5-111　　　　　　　　图 5-112

06 点击"点击编辑"，进入视频编辑界面，如图5-113所示。在视频编辑界面，剪映支持替换、裁剪、调整素材顺序和更换字幕等操作，如图5-114所示。

图 5-113

图 5-114

5.4.5　使用"视频翻译"功能制作英文短片

剪映中的"视频翻译"功能是一种便捷的视频编辑工具，它允许用户将视频中的语音内容自动转换为不同语言的文字字幕，或者将已有的字幕从一种语言翻译成另一种语言。这一功能极大地简化了视频多语言字幕的制作过程，提高了视频内容的国际化和可访问性。下面介绍使用"视频翻译"功能制作英文短片的具体操作步骤。

01 打开剪映 App，点击"视频翻译"功能，如图 5-115 所示，进入"视频翻译"编辑界面，如图 5-116 所示。

02 点击"导入本人视频"按钮，导入需要翻译的原始视频，如图 5-117 所示。需要注意的是，导入的视频时长需控制在 5～300s，并且导入单人视频的效果更佳。

图 5-115

图 5-116

设置视频中的原始语言和需要翻译后的语言，如图 5-118 所示。

图 5-117　　　　　　　　　　　　　　图 5-118

03 点击"去翻译"按钮，即可对视频进行翻译，如图5-119所示，可能时长有点长，可点击"稍候查看"按钮，之后可在"最近任务"中查看，如图5-120所示。

图 5-119　　　　　　　　　　　　　　图 5-120

第 6 章
可灵 AI，效果惊艳的国产 AI 视频工具

　　可灵 AI 是快手科技自主研发的一款大型人工智能模型，它专注于视频生成领域，展现了卓越的技术能力和创新。通过深度学习技术，特别是 3D 时空联合注意力机制和 Diffusion Transformer 架构，可灵 AI 能够生成高质量、逼真且符合物理规律的视频内容。

6.1　认识可灵 AI

自推出以来，可灵AI便以其卓越的性能和便捷的操作赢得了众多用户的青睐。无论是专业视频制作团队，还是个人创作者，纷纷将目光投向这款国产AI视频工具，期待用它来开启视频创作的新篇章。本节将详细介绍可灵AI。

6.1.1　登录可灵AI

可灵AI目前共有两种登录方式，一种是使用手机号和验证码进行登录，一种是使用快手或快手极速版App的扫一扫功能进行登录。下面介绍登录可灵AI的具体操作步骤。

01 打开可灵AI主页，单击页面右上角的"登录"按钮，即可弹出登录页面，如图6-1所示。

图 6-1

02 使用手机号登录时，在输入框内输入手机号，然后在验证码输入框内，单击"获取验证码"按钮，在手机上注意查收验证码，输入验证码后，单击"立即创作"按钮即可，如图6-2所示。

图 6-2

03 使用扫码方式登录时，需要先在手机端下载并安装快手App或快手极速版App。打开App主页，点击侧边栏中的"更多"|"扫一扫功能"按钮，扫描电脑端的二维码进行授权即可，如图6-3所示。

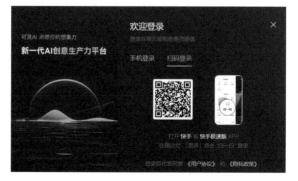

图 6-3

119

6.1.2 可灵AI的核心功能

可灵凭借强大的AI视频生成能力，让每一位用户都能轻松、高效地实现创作艺术视频的梦想，为用户带来了全新的视频创作体验。目前，可灵AI的核心功能可以归纳为以下两个。

1. 图片生成功能

可灵AI的图片生成功能是一个强大的创作工具，它能够利用人工智能技术，根据用户的文本描述或参考图片生成符合要求的图片。例如，在"创意描述"文本框中输入"在清晨的悬崖边，一株盛开的野百合迎着刚刚升起的太阳"，可灵AI就能直接生成一张符合该描述的图片，如图6-4所示。

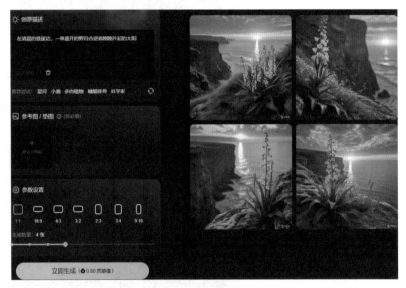

图 6-4

在文生图的基础上，用户还可以上传一张参考图，以生成与之相关的图片。通过调整"参考强度"，用户还可以控制生成图像与参考图之间的相似度，如图6-5所示。

图 6-5

2. 视频生成功能

可灵AI的视频生成功能包含文生视频和图生视频两种方式，以下是对这两种功能的详细介绍。

（1）文生视频功能

文生视频功能允许用户通过输入文字描述来生成相应的视频内容。用户只需提供一段描述性文字，可灵AI就能根据这些文字内容生成对应的视频画面，如图6-6所示。

图 6-6

得益于灵活扩展的网络架构，可灵AI支持对视频生成进行精准的相机镜头控制。赋予创作者前所未有的自由度与精细度，目前可灵AI已支持旋转运镜、垂直摇镜、水平摇镜在内的6种镜头控制方式，如图6-7所示。

随着参数的变化，视频运动幅度将展现出更加生动、激烈的效果。如图6-8所示，一个小女孩开心地坐在草地上看书，而跟随镜头的拉进，周遭的环境也发生了变化。

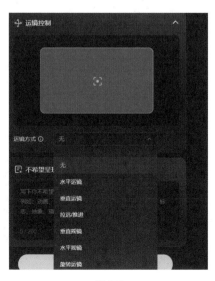

图 6-7

图 6-8

（2）图生视频功能

图生视频功能则允许用户上传静态图片，并通过可灵AI将其转换为动态视频。用户可以选择不同的动态效果和运动轨迹，为静态图片赋予生命力，如图6-9所示。

图 6-9

可灵AI的图生视频功能还支持增加首帧和尾帧，用户只需上传作为首尾帧的两张图片，并输入图片创意描述，即可生成多种多样的运动效果，让视觉创意无限延展，如图6-10所示。

图 6-10

6.1.3　可灵AI的应用场景

可灵AI作为一款由快手科技自主研发的视频生成大模型，其应用场景广泛且多样，以下将详细介绍几个主要的应用场景。

（1）影视制作：用于生成电影或电视剧中的特效场景，减少实景拍摄成本。

（2）社交媒体：用户可以创作独特的视频内容，用于社交媒体平台分享。

（3）艺术创作：艺术家和设计师可以使用可灵大模型来实现他们的创意构想。

（4）广告行业：设计吸引人的广告内容，通过高质量的视频广告提升品牌影响力。

6.2　手机版可灵：使用快影 AI 生成视频

快影App是一款集视频拍摄、剪辑和制作于一体的综合性工具，支持iOS和Android两大主流操作系统。它以其丰富的功能、高效的性能和便捷的操作，为用户提供了前所未有的视频创作体验。

6.2.1 手机版可灵AI界面介绍

手机版可灵AI是内置在快影App中的一个模块，当用户进行视频编辑时，它可以为用户提供更便捷、高效的短视频创作体验，下面介绍手机版可灵AI的界面。

01 打开快影App，在首页点击"AI创作"按钮，如图6-11所示，进入"AI创作"功能界面，如图6-12所示。

图 6-11　　　　　　　　　　　　　　　图 6-12

02 通过点击"AI玩法""AI工具""AI文案""处理记录"按钮，可以切换至对应的功能界面，如图6-13所示。

图 6-13

03 点击"AI工具"|"AI生视频"功能，进入"AI生视频"编辑界面，如图6-14所示，可以看到这里有文生视频和图生视频两种视频生成方式。"文生视频"编辑界面包括"文字描述""视频质量""视频时长""视频比例"等参数。

04 图生视频支持用户上传静态的图片，来生成动态的视频，如图6-15所示。

图 6-14

图 6-15

6.2.2 生成穿越机效果

穿越机效果，通常指的是通过无人机的视角进行拍摄，让观看者仿佛亲自驾驶无人机在空中飞行一样。这种效果在极限运动、电影制作、航拍等领域非常受欢迎。下面介绍使用手机版可灵AI生成穿越机效果的具体操作步骤。

01 打开快影App，点击"AI创作"|"AI生视频"功能，进入"文生视"频编辑界面，在输入框内输入提示词"摄像机穿越珠穆朗玛峰，第一人称视角，动感模糊，高速飞行，旋转"，如图6-16所示。

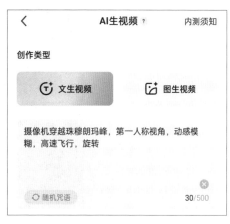

图 6-16

02 将"视频质量"设置为"高表现"，将"视频时长"调整至5s，将"视频比例"调整为16∶9，点击"生成视频"按钮，如图6-17所示，即可自动生成相应的视频。

03 执行操作后，在"处理记录"中即可查看生成的视频内容，如图6-18所示。点击"下载"按钮，即可将该视频下载至本地，如图6-19所示。

图 6-17

图 6-18　　　　　　　　　图 6-19

04 如果对生成的视频内容不满意或需要延长视频内容，用户可以点击"重新生成"或"延长视频"按钮，在其中可以重新编辑文字内容，添加相应关键词，让视频生成更偏向自己的需求，如图6-20所示。

提示：在使用AI生成穿越机视频效果时，需要确保关键词尽可能地明确和具体。例如，不要仅仅写"摄影机飞行"，

图 6-20

而是可以以"摄影机穿越+景点+其他描述词"的形式写。如果想要AI构建更加生动和逼真的场景，可以提供足够的细节信息，如飞行速度、环境特征、天气状况、时间背景等。例如，"黄昏时分，摄像机在茂密的森林中高速穿梭，树叶在夕阳下的照射下闪闪发光"。

6.2.3 生成动物演奏视频

近期，众多文旅领域的账号凭借在短视频平台上发布的各具地方风情的动物演奏创意视频，迅速走红网络。这些视频不仅有效推广了当地独特的文化魅力，还凭借其诙谐幽默的展现方式赢得了广大观众的喜爱与关注。下面介绍使用手机版可灵AI生成动物演奏视频的具体操作步骤。

01 打开快影App，点击"AI创作"|"AI生视频"功能，进入"文生视频"编辑界面，并在输入框内输入提示词"一只熊猫在竹林拉二胡"，如图6-21所示。这里的提示词结构为"动物+场景描述+乐器"。

02 将"视频质量"设置为"高性能"，将"视频时长"调整为5s，将"视频比例"调整为16：9，点击"生成视频"按钮，如图6-22所示，即可自动生成相应的视频。

03 执行操作后，即可在"处理记录"中查看生成的视频内容，效果如图6-23所示。

图 6-21

图 6-22

图 6-23

6.2.4 使用可灵让老照片动起来

让老照片动起来是通过可灵的图生视频功能实现的。下面介绍使用可灵让老照片动起来的具体操作步骤。

01 打开快影App，点击"AI创作"|"AI生视频"功能，进入"图生视频"编辑界面，单击"添加图片"按钮，添加需要处理的图片，如图6-24所示。

02 在"图文描述"文本框中，输入对应的提示词，如图6-25所示。在输入提示词时，需要注意用语严谨。例如，在该案例中是一家三口的合照，所以这里的提示词跟一家三口有关。

图 6-24

03 执行操作后，将参数调整为默认值，点击"立即生成"按钮，即可自动生成相应的视频，效果如图6-26所示。

图 6-25

图 6-26

6.3　使用电脑版可灵 AI 生成视频

在2024年7月6日，快手旗下的可灵AI网页端（电脑版）正式上线。上线后的电脑版可灵可以生成高质量且富有创意的视频内容，并因生成的内容具备高度的运动合理性和对物理世界特性的仿真，而深受广大用户关注和喜爱。

6.3.1　电脑版可灵AI界面介绍

可灵AI的界面采用了简洁的设计风格，使得用户能够迅速理解并上手使用。无论是专业用户还是初学者，都能在短时间内找到所需的功能和工具。下面将详细介绍电脑版可灵AI界面。

打开电脑版可灵AI，首先映入眼帘的是主界面，主界面目前分为4个模块，通过单击界面左侧工具栏中的"首页""AI图片""AI视频""个人中心"等按钮，可以进入相应的界面，各功能简单说明如下。

首页：提供多样的视频图片模板，用户可参考其相关内容，创作出相似的视频或图片内容，如图6-27所示。

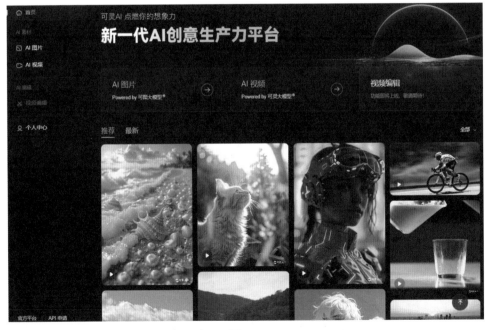

图 6-27

AI图片：能够基于用户提供的文字描述、关键词或参考图片等信息，自动生成符合要求的图片内容，如图6-28所示。

图 6-28

AI视频：可灵AI的视频生成功能是其核心竞争力的重要组成部分，由快手AI团队自研，旨在为用户提供高效、智能的视频创作体验，如图6-29所示。

图 6-29

个人中心：用户可以在个人中心编辑、修改或删除自己创作的图片、视频等作品，如图6-30所示。

图 6-30

6.3.2　视频延长功能

可灵的视频延长功能，主要指的是其强大的视频续写能力，这一功能极大地拓展了视频创作的边界。用户可以通过简单的一键操作，在已生成的视频（无论是文生视频还是图生视频）的基础上，继续生成约5秒的新内容。这种便捷的操作方式，使得视频创作变得更加灵活和高效（图6-31）。

可灵的视频续写功能集成了文本控制机制，用户可以通过输入自定义的提示词，为每段视频续写注入个性化创意，如图6-32所示。

图 6-31

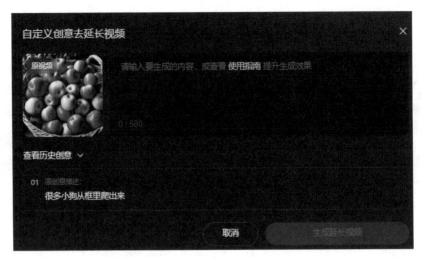

图 6-32

6.3.3 跨越时空的拥抱

跨越时空的拥抱是指使用可灵AI生成"目前的自己和过去的自己拥抱"的AI视频，下面是具体的操作步骤。

01 首先，收集两张照片，分别是过去和现在的照片，并分别命名为"小男孩"和"青年"。这些照片应该能够清晰地展示面部特征和体型，以便AI能够准确地重建形象，如图6-33所示。

图 6-33

02 打开剪映专业版，单击"开始创作"按钮，进入编辑界面并将两张图片导入剪映，然后将其并列拖动至轨道上，如图6-34所示。

图 6-34

03 选中"青年"素材，并向右拖动，直至"小男孩"素材漏出半张脸，如图6-35所示。

图 6-35

04 选中"青年"素材，单击右侧工具栏中的"画面"|"蒙版"|"线性"蒙

版按钮，将"羽化"值调整为14，并将蒙版线旋转90°，如图6-36所示，然后单击界面右上角的"导出"按钮导出即可。

图 6-36

05 将刚刚导出的图片导入可灵AI的"图生视频"界面，并在图片"创意描述"文本框中输入提示词"一个男生和一个小男孩拥抱"，单击"立即生成"按钮，即可生成相应的视频内容了，如图6-37所示。

图 6-37

6.3.4 生成"幻觉"视频

你是否曾在抖音、快手等热门的短视频平台上，刷到过这样令人惊奇的视频：起初，画面展示的是一筐看似再平常不过的土豆，然而随着视频的推进，这些土豆仿佛被施了魔法，渐渐幻化成了一筐活泼可爱的小狗，令人恍若置身于梦幻之中。那么，利用可灵AI这样的智能工具，该如何创作出这样充满创意与趣味性的视频呢？接下来将详细解析具体的操作步骤。

01 打开可灵AI，在主界面单击"AI图片"工具，进入编辑界面，在图片"创意描述"文本框内输入相应的提示词"一筐土豆，俯视角度"，如图6-38所示。单击"立即生成"按钮，生成相应的图片。

图 6-38

02 执行操作后，选中一张较为满意的图片，将鼠标指针移至该图片上，单击弹出的"生成视频"按钮，如图6-39所示，即可自动跳转至"图生视频"编辑界面。

03 在图片"创意描述"文本框中填写关键词"很多小狗从筐子里爬了出来"，单击"立即生成"按钮，即可生成相应的视频，如图6-40所示。

图 6-39

图 6-40

第 7 章
腾讯智影，智能创作和编辑一站式解决

　　腾讯智影是一个集素材收集、视频剪辑、后期包装、渲染导出和发布于一体的在线剪辑平台，能够为用户提供端到端的一站式视频剪辑及制作服务。

7.1　认识腾讯智影

通过深度融合人工智能、大数据分析与云计算等前沿技术，腾讯智影以其独特的魅力，让复杂烦琐的制作流程变得简洁高效。本节将详细介绍如何登录腾讯智影，以及腾讯智影的核心功能和应用场景。

7.1.1　登录腾讯智影

用户想要使用腾讯智影进行创作，首先需要进行登录，登录方式有微信登录、手机号登录和QQ登录3种，下面介绍登录腾讯智影的操作方法。

01 在浏览器中搜索"腾讯智影"，单击官网链接进入其主页，单击"登录"或"立即体验"按钮，如图7-1所示。

图 7-1

02 执行操作后，即会弹出一个登录框，包括微信登录、手机号登录、QQ登录，按个人所需任选一种登录方式即可，如图7-2所示。

03 执行操作后即可进入其主页面了，如图7-3所示。

图 7-2

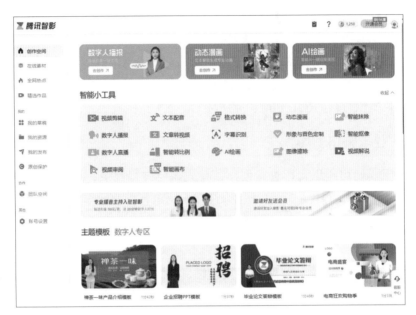

图 7-3

7.1.2　腾讯智影的核心功能

腾讯智影的核心功能主要集中在"人""声""影"三个方面，"人"代表数字人播报，"声"代表文本配音，"影"代表视频剪辑与创作，具体介绍如下。

1.数字人播报

用户只需输入文本或音频内容，即可在几分钟内生成数字人播报视频，这一功能使得内容创作更加便捷和高效，且有以下几个特点。

（1）多样选择

腾讯智影目前开放了数十款风格多元的数字人，创作者可以根据自己的需求选择数字人形象、服装，并添加不同的动作、背景等，以满足不同场景的创作需求，如图7-4所示。

图 7-4

（2）形象克隆

智影数字人还能实现"形象克隆"，用户通过上传图片或视频素材，就能得到相似的数字人分身，进一步提升了创作的个性化和自由度，如图7-5所示。

（3）应用场景

数字人播报功能适用于新闻播报、教学课件制作、产品介绍等众多场景，为创作者提供了更多的创作可能性和表达方式。

图 7-5

2. 文本配音

腾讯智影的文本配音功能提供了几十种音色供用户选择，用户输入文本即可生成自然的语音。这一功能操作简单便捷，适用于新闻播报、短视频创作、有声小说等各种场景。

笔者尝试过一段近1000字的文稿，腾讯智影可在两分钟内完成配音和发布。同时，用户还可以手动调整语音倍速、局部变速、多音字和停顿等效果，还支持多情感和方言播报，让音频听起来更为生动、自然，如图7-6所示。

图 7-6

3. 视频剪辑与创作

腾讯智影提供了专业易用的视频剪辑器，支持视频多轨道剪辑、添加特效与转场、添加素材、添加关键帧、添加动画、添加蒙版、变速、倒放、镜像、画面调节等功能。这些功能使得视频剪辑更加灵活和高效。

腾讯智影支持用户素材的上传储存与管理。用户可上传本地素材并实时剪辑视频，视频文件上传无须等待，即可开始剪辑创作。腾讯智影还提供了海量的版权素材供用户选择和使用，如图7-7所示。

图 7-7

7.2 使用"AI 创作"功能生成文案和视频

腾讯智影还结合了强大的AI创作能力，提供包括文章转视频、智能去水印、智能横屏转竖屏等功能。本节将介绍如何使用AI创作功能和文章转视频功能生成文案和视频。

7.2.1 使用"AI创作"功能生成视频文案

使用AI创作功能只需在输入框内输入内容主题，即可生成文章内容。下面介绍具体的操作步骤。

01 打开腾讯智影，单击"文章转视频"按钮，即可进入"文章转视频"编辑界面，如图7-8所示。

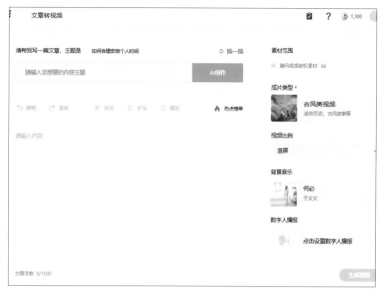

图 7-8

02 在进行AI创作的输入框内，输入想要的内容主题，单击"AI创作"按钮即可生成相应的文章内容，如图7-9所示。

图 7-9

03 如若对某一段落或整个段落不满意，可以使用鼠标选出来，单击"改写"或"扩写"按钮，如图7-10所示。

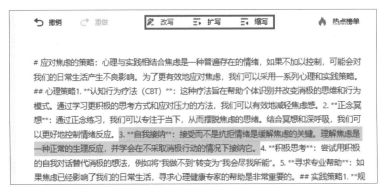

图 7-10

7.2.2　使用"文章转视频"功能生成视频

使用"文章转视频"功能可以将用户撰写的文字内容转化为视频，无须进行烦琐的素材收集和剪辑处理。下面介绍具体的操作步骤。

01 调整好文案内容后，在"文章转视频"界面右侧可以设置"成片类型""视频比例""背景音乐""数字人播报"等参数，如图7-11所示。

图 7-11

02 调整完参数后，单击"生成视频"按钮，即可将文本内容转化成视频，如图7-12所示。在生成视频后，会自动会跳转至剪辑界面，在该界面可以替换视频素材、剪辑视频内容、添加素材和音频等。

图 7-12

03 当剪辑好视频内容后，单击界面上方的"合成"按钮，即可将视频元素合成在一起。在主界面单击"我的资源"按钮，即可看到合成后的视频素材，如图 7-13 所示。

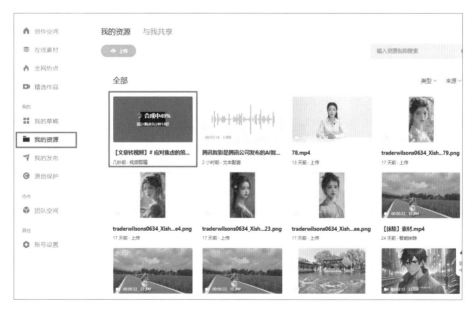

图 7-13

04 目前，腾讯智影可将剪辑好的视频发布至腾讯内容开放平台和快手短视频平台上，如果用户需要发布视频内容，可以单击界面上方的"发布"按钮，进入发布视频界面，如图7-14所示。

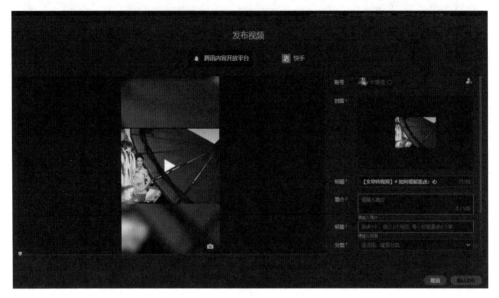

图 7-14

05 在相应的输入框内，输入简介、标签和分类等内容，单击"确认发布"按钮，即可发布至平台。发布后可以在主界面中单击"我的发布"按钮，在相应界面中看到发布的视频，如图7-15所示。

图 7-15

7.3　腾讯智影的智能化功能

腾讯智影作为一款功能丰富的智能创作工具，其强大之处不局限于之前提及的各类特色功能，还涵盖了智能抹除、字幕识别、智能转比例及格式转换等实用功能。接下来将深入介绍几个常用的功能，以便读者能更好地理解和使用。

7.3.1　使用"智能抹除"功能去除水印

智能抹除是腾讯智影中一项极具创新性的功能。它利用先进的图像处理技术，能够自动识别并移除视频中不必要的元素或瑕疵，如水印、标志、路人等，同时保持视频画面的连贯性和自然度。这一功能对需要精细处理视频素材的用户来说，无疑是一个极大的助力，能够显著提升视频的专业度和观赏性。下面介绍使用"智能抹除"功能去除水印的具体操作步骤。

01 打开腾讯智影，单击"智能抹除"工具，如图7-16所示。

图 7-16

02 进入"智能抹除"界面后，单击"本地上传"按钮，上传相应的视频素材，如图7-17所示。

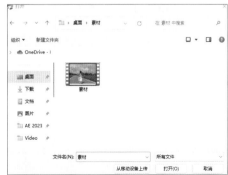

图 7-17

03 添加素材后，将水印框拖动至有水印的区域（如果有字幕，那么可以拖动字幕框至字幕区域），如图7-18所示。

图 7-18

04 单击"确定"按钮，即可对图像中的水印或字幕进行消除，最终效果展示如图7-19所示。

图 7-19

7.3.2 使用"字幕识别"功能生成歌词

字幕识别是腾讯智影在内容处理上的又一亮点，通过先进的语音识别和

OCR技术，该功能能够自动识别视频中的语音，并将其转化为文字字幕。用户无须手动输入，即可快速获得准确的视频字幕，极大地提高了视频制作的效率。此外，用户还可以根据需要对字幕进行编辑，还可调整样式和位置，以满足不同的制作需求。下面介绍使用"字幕识别"功能生成歌词的具体操作步骤。

01 打开腾讯智影，在"智能小工具"中单击"字幕识别"功能，如图7-20所示，进入"字幕识别"编辑界面。

图 7-20

02 在字幕识别界面可以选择"自动识别字幕"或"字幕时间轴匹配"选项，如图7-21所示。自动识别字幕是自动将音频或视频文件中的语音内容识别并转换为字幕。而字幕时间轴匹配则是将已有的字幕内容文件和音视频文件打上时间标记，生成字幕文件。这里选择"自动识别字幕"选项即可。

图 7-21

03 执行操作后，在"添加视频或音频"中单击"本地上传"按钮就可以上传音频或视频文件了，如图7-22所示。用户也可以单击"我的资源"按钮，在"我的资源"中选择素材。

图 7-22

04 执行操作后，即可弹出"打开"对话框，选择需要上传的视频文件，单击"打开"按钮即可上传，如图7-23所示。

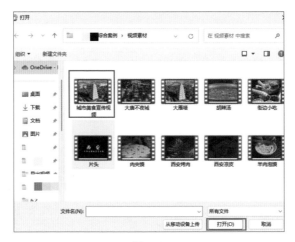

图 7-23

05 执行操作后选择素材视频的源语言（目前只支持中文和英文），单击"生成字幕"按钮，如图7-24所示，即可自动生成字幕。

图 7-24

06 执行操作后，即可进入视频剪辑界面，用户可以根据需要对字幕进行编辑，还可调整样式和位置，以满足不同的制作需求，如图7-25所示。

图 7-25

07 编辑完成后，单击界面上方的"合成"按钮，即可将视频合成并导出，在"我的资源"界面中可以查看合成后的视频，如图7-26所示。

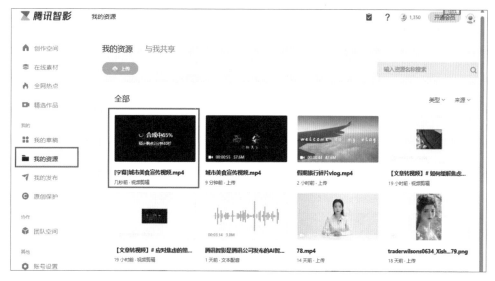

图 7-26

7.3.3 使用"智能转比例"功能更改视频尺寸

随着不同平台的视频播放标准日益多样化，视频比例的转换成为内容创作者必须面对的问题。腾讯智影的转比例功能能够根据用户设定的目标比例，自动调整画面的大小和布局，确保在不同平台上的播放效果都能达到最佳。这一功能不仅简化了视频制作流程，还提高了视频的适应性和兼容性。下面介绍使用"智能转比例"功能更改视频尺寸的具体操作步骤。

01 打开腾讯智影，在"智能小工具"中单击"智能转比例"功能，如图7-27所示，进入上传视频界面。

图 7-27

02 在上传视频界面，单击"本地上传"按钮，上传需要转比例的视频文件，如图7-28所示。

图 7-28

03 执行操作后，即可进入"智能转比例"编辑界面，选择需要的画面比例单选按钮，单击"确定"按钮，如图7-29所示，即可完成视频画面尺寸的调整。

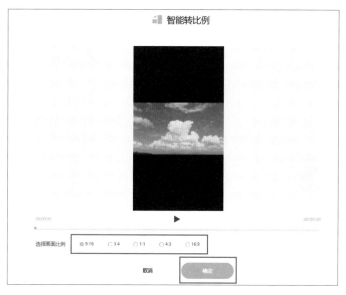

图 7-29

04 执行操作后，会弹出"预览视频"窗口，用户可以单击"保存在我的资源"或"下载高清资源"按钮，将转比例后的视频保存，如图7-30所示。

图 7-30

7.3.4　使用"数字人"功能制作播报视频

腾讯智影的"数字人"功能允许用户通过预设的数字人形象，输入或导入文本内容，自动生成由数字人播报的视频。下面介绍使用"数字人"功能制作播报视频的具体操作步骤。

01 打开腾讯智影，单击"智影小工具"中的"数字人播报"功能，进入数字人编辑页面，如图7-31所示。

图 7-31

02 单击"数字人"按钮，在提供的数字人中选择自己喜欢的形象，并在编辑区域调整大小和位置，如图7-32所示。

图 7-32

03 单击"背景"按钮，可以选择图片背景或纯色背景，也可以选择上传本地素材文件作为背景，如图7-33所示。

图 7-33

04 单击"我的资源"|"本地上传"按钮，上传所需要播报的主体内容，并调整其大小和位置，如图7-34所示。

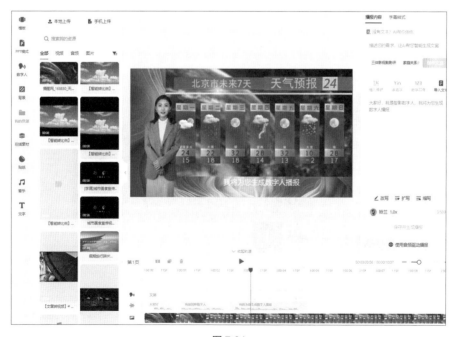

图 7-34

05 在界面右侧的文本框内，输入想要数字人播报的文字内容，并单击"保存并生成播报"按钮，即可让数字人播报想要播报的内容，如图7-35所示。

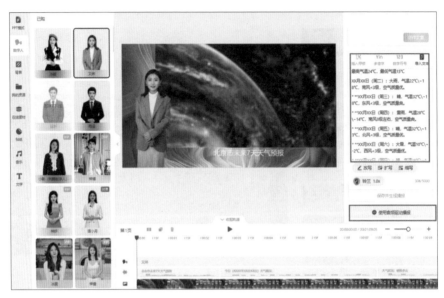

图 7-35

06 也可以在左侧工具栏中单击相应的按钮，添加贴纸、音乐或文字等，使视频整体更美观，如图7-36所示。

07 编辑完成后，单击界面上方的"合成视频"按钮，即可将视频合成。合成完成后，用户可以选择保存至本地或"我的资源"中，如图7-37所示。

图 7-36

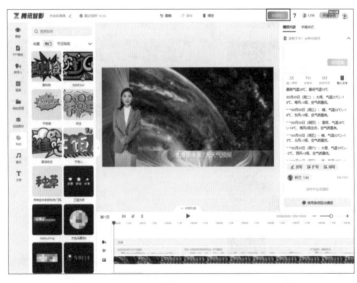

图 7-37

第 8 章
AI 数字人：制作口播短视频

　　AI数字人正在改变短视频制作的方式，通过AI技术生成的数字人，可以栩栩如生地表达复杂的情感和信息，不仅节省了真人录制的时间和成本，还能实现高度定制化的内容输出。本章将介绍如何利用AI数字人制作口播短视频，探索如何提升短视频内容创作效率和效果。

8.1　案例解析与效果鉴赏

本节是对口播短视频制作的详细解析和效果鉴赏，帮助读者更直观地了解和掌握该案例的制作方法。

8.1.1　案例解析

随着人工智能技术的不断突破，AI数字人作为新兴的数字内容创作者，正逐步成为制作高质量口播短视频的得力助手。这些由算法精心雕琢的数字形象，不仅拥有逼真的外观、流畅的动作，更能模拟人类的语言表达与情感交流，为观众带来前所未有的视听体验。

该案例首先使用文心一言这一强大的自然语言处理工具，生成富有创意和吸引力的口播文案。

然后将文案复制并导入腾讯智影这一先进的数字人创作平台。腾讯智影凭借其卓越的技术实力，能够迅速根据文案内容生成栩栩如生的数字人形象。

最后，为了进一步提升视频的专业度与观赏性，使用剪映电脑版对数字人口播视频进行了精细的后期处理，例如匹配文稿、对数字人进行抠像、设置视频背景、制作片头片尾等操作制作出引人入胜的短视频内容。

8.1.2　效果鉴赏

如图8-1 至图8-4 所示是该案例的效果展示图。

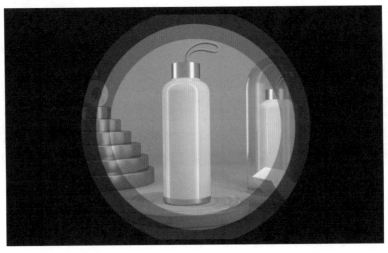

图 8-1

图 8-2

图 8-3

图 8-4

8.2　使用 AI 生成口播文案

口播文案是短视频的重要组成部分，它以声音的形式直接传达给观众视频的核心信息、主题或观点。这些信息可以是产品介绍、新闻报道、教学内容、直播带货的要点等。本节将介绍使用文心一言生成口播文案和使用腾讯智影生成数字人的操作步骤。

8.2.1　使用文心一言生成口播文案

文心一言利用先进的自然语言处理技术和深度学习算法，能够深刻理解视频主体，智能生成口播文案助力视频创作。

在使用文心一言生成口播文案时，需要注意以下几点，以确保生成的文案质量与效果。

·调整语言风格：AI生成的文案往往缺乏人性化的语言风格和情感色彩。在使用前，应根据目标受众和直播场景，对文案进行适当修改，加入口语化表达、情感共鸣点或幽默元素，使其更贴近观众，提升吸引力。

·强调产品亮点：确保文案中明确且突出地展示了产品的核心亮点和独特价值。AI可能会生成较为全面的描述，但创作者需要筛选出最关键的信息，用简介有力的语言传达给观众。

·检查语法与逻辑：AI生成的文案可能存在语法错误、逻辑不连贯等问题。在使用前，务必仔细校对，确保文案的准确性和流畅性。

·保持真实性：虽然AI可以生成大量内容，但务必确保文案中提到的产品特点和优势是真实存在的，避免夸大其词或虚假宣传，以免损害品牌形象和消费者的信任。

综上所述，使用文心一言等AI工具生成直播带货口播文案时，需要结合实际情况进行灵活调整和优化，以确保文案的质量、真实性和吸引力。下面就是使用文心一言生成口播文案的示例。

> 现在你是一位带货一哥，你需要根据我给出的商品信息撰写一段直播带货口播文案。你需要放大商品的亮点价值，激发消费者的购买欲。
>
> 接下来是这款商品的信息。
>
> 商品名称：一言保温杯。
>
> 商品亮点：大容量、保温性能好、便携性强。

> 哈喽哈喽，各位亲爱的家人们，晚上好啊！你们的带货一哥又来了，手里这个宝贝，哎呀，真的是我近期的心头好——一言保温杯，今天必须跟大家好好唠唠！
>
> 首先啊，咱们说说这"大容量"，你们知道吗？早上匆匆忙忙出门，泡上一大杯热茶或者咖啡，到了下午还热乎乎的，简直就是续命神器啊！不用再担心水不够喝，也不用频繁找地方接水，一上午的工作和学习，一杯搞定，省时又省心！
>
> 再来说说这保温性能，我的天哪，简直是黑科技！不管你是夏天想保冷，还是冬天要保温，它都能轻松搞定。我试过，早上倒进去的开水，到晚上还像暖手宝一样，温度刚刚好。而且，冷饮也一样棒哦，冰块放进去，到下午都化不了多少，冰爽依旧！
>
> 还有便携性，它简直就是出行的小能手！设计得超级贴心，小巧玲珑，放包包里、车里都不占地方。一键开合，单手操作无压力，无论是开车还是走路，想喝就喝，方便得不得了！
>
> 家人们，这么一款集大容量、超强保温、便携性于一身的保温杯，你还在等什么呢？无论是自用还是送朋友、送家人，都是极好的选择！现在下单还有优惠哦，数量有限，先到先得！赶紧抢购吧，让我们一起享受这份来自一言保温杯的温暖与便捷。

8.2.2　使用腾讯智影生成数字人

腾讯智影的数字人功能是其作为一款AI智能创作助手的核心亮点之一，该功能为用户提供了高度智能化、便捷化的数字人创作体验。下面介绍使用腾讯智影生成数字人的具体操作步骤。

01 打开腾讯智影，单击"数字人播报"工具，如图8-5所示，进入数字人编辑页面。

图 8-5

02 将文心一言生成的口播文案复制并粘贴至界面右侧的"播报内容"下方的文本框中，如图8-6所示。

图 8-6

03 单击界面左侧工具栏中的"数字人"工具，按个人喜好选择所需的数字人形象，如图8-7所示。选择完数字人形象后，会自动播报上一步粘贴的口播文案内容，用户可预览整体播报效果。

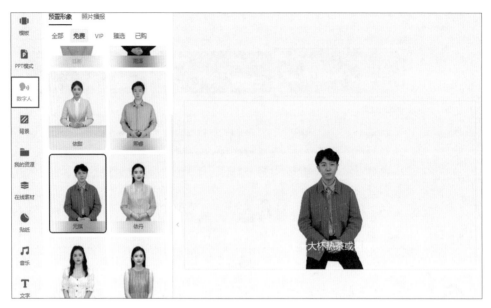

图 8-7

04 执行操作后，单击左侧工具栏中的"背景"|"纯色背景"工具，选择一款绿色作为背景颜色，如图8-8所示。选择绿色的原因是方便后面的抠像处理。

图 8-8

提示：单击"字幕"按钮，将字幕调整为不显示的状态，如图8-9所示，可以避免剪辑出现重复的字幕。

图 8-9

05 单击界面上方的"合成视频"按钮，将添加的数字人、字幕、背景等元素整合成一个完整的视频文件。在"我的资源"界面中，可以看到合成后的视频，如图8-10所示。

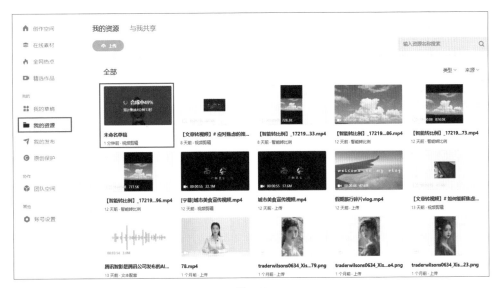

图 8-10

06 将鼠标指针移动至合成后的视频上，单击"下载"按钮，即可将视频保存至本地，如图8-11所示。

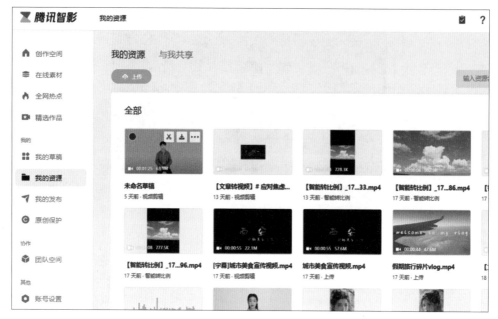

图 8-11

8.3 在剪映电脑版中剪辑视频

剪映电脑版是抖音官方于2022年9月9日出的一款全能易用的PC端剪辑软件。它拥有强大的素材库，支持多视频轨/音频轨编辑，用AI为创作赋能，满足多种专业剪辑场景。

8.3.1 匹配文稿并设置字幕样式

准确的字幕不仅能提升观众的观看体验，还能将视频内容更好地传达给受众。通过精准地将文稿匹配到视频画面，并为字幕选择合适的样式，可以增强视频的专业性和可读性。下面介绍使用剪映电脑版匹配文稿并设置字幕样式的具体步骤。

01 打开剪映电脑版，单击"开始创作"按钮，进入剪映编辑界面，单击"导入"按钮，导入刚刚下载的视频素材，如图8-12所示。

02 将素材拖动至轨道中，单击"字幕"|"识别字幕"按钮，再单击"开始识别"按钮，识别视频素材中的字幕，如图8-13所示。

03 长按鼠标左键，选择全部字幕，如图8-14所示。

图 8-12

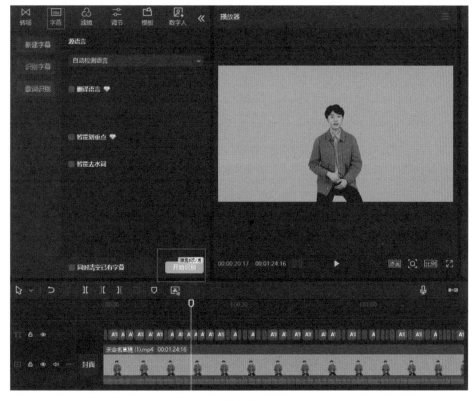

图 8-13

图 8-14

04 单击界面右侧工具栏中的"文本"按钮，设置字幕的样式、字号、字体等元素，如图8-15所示。

图 8-15

8.3.2　对数字人进行抠像处理

由于整段视频较为单调，可以通过精准地抠取人物图像，将数字人融入不同的背景或虚拟场景中，使整体视频更具真实感和表现力。下面介绍使用剪映电脑版对数字人进行抠像处理的操作步骤。

01 选中轨道中的视频素材，单击工具栏中的"画面"|"抠像"按钮，如图8-16所示。

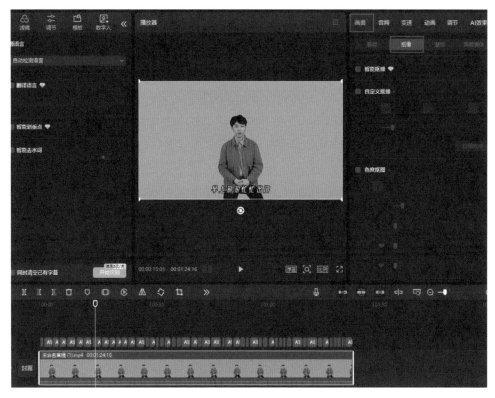

图 8-16

02 选中"色度抠图"复选框，将弹出的取色器移动至绿色背景上，单击鼠标左键即可完成抠图，如图8-17所示。

图 8-17

8.3.3　设置视频背景丰富视频效果

抠完图后，设置合适的视频背景是提升视频效果的关键。通过精心选择和设计背景，用户可以使抠像后的主体与环境更加和谐，增强视频的视觉冲击力和整体观感。无论是添加动态背景、图像素材，还是使用虚拟场景，都可以为视频注入更多的创意元素。下面介绍使用剪映电脑版设置视频背景丰富视频效果的方法。

01 选择"媒体"｜"本地"选项，单击"导入"按钮，导入所需视频背景素材，如图8-18所示。

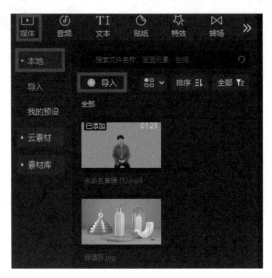

图 8-18

02 将导入的背景素材拖至轨道中，选择轨道中的背景素材，向右拖动背景素材的白色边框直至与视频素材对齐，如图8-19所示。

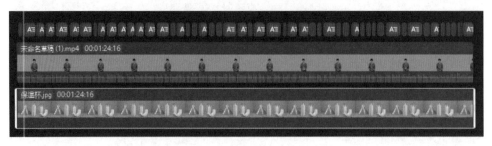

图 8-19

03 在这里可以看见，背景素材的层级在视频素材的上方，可以在界面右侧选择"画面"｜"基础"选项，在最下方的层级中选择"2"即可解决，如图8-20所示。调整一下数字人的位置，防止挡到后方的背景素材。

图 8-20

8.3.4　制作视频片头、片尾

为视频制作片头和片尾的主要目的和功能具体如下。

1. 片头的作用

吸引观众的注意力：片头是视频的"门面"，通过精彩的视觉效果、引人入胜的画面和背景音乐，在极短的时间内迅速抓住观众的眼球，激发他们观看的兴趣。

确定整体风格：片头的风格往往决定了整个视频的基调，能够传达出视频的主题、情感和氛围，使观众在第一时间对视频产生整体印象。

展示视频信息：片头中通常会包含视频的标题、作者信息、创作目的等关键信息，帮助观众快速了解视频的基本内容和背景。

提升视频品质：精心制作的片头能够提升视频的整体品质，让观众对视频产生更高的期待和评价。

下面介绍使用剪映电脑版制作片头的具体步骤。

01 打开剪映电脑版，单击"开始创作"按钮，进入编辑界面。单击"素材库"选项，添加"白场"素材至轨道中，如图8-21所示。

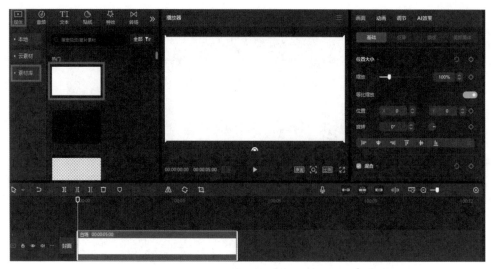

图 8-21

02 将时间线拖至第0.5s处，在界面右侧选择"画面"|"基础"选项，单击"位置大小"关键帧，给视频添加关键帧，如图8-22所示。

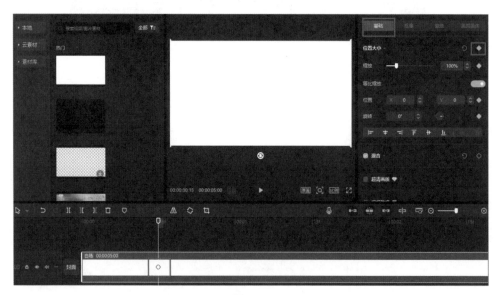

图 8-22

03 单击工具栏中的"蒙版"按钮，选择圆形蒙版，如图8-23所示。单击圆形蒙版边缘，将圆形蒙版缩小。

04 将时间线拖至开头，将圆形蒙版慢慢移出屏幕，如图8-24所示。开头即会自动添加位置关键帧。

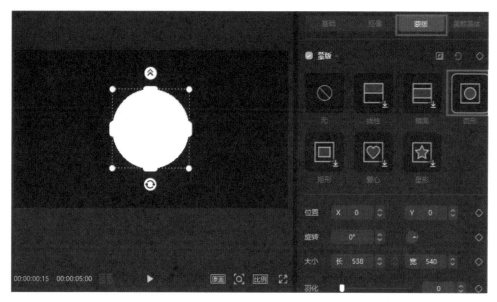

图 8-23

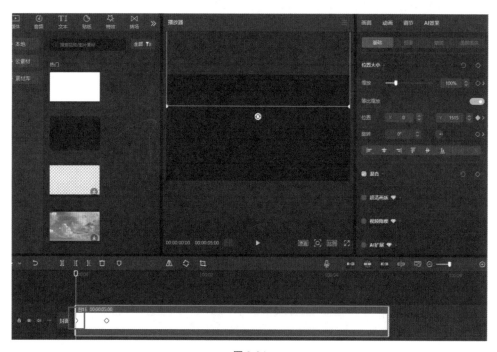

图 8-24

05 选择轨道上的白场素材，按【Ctrl+C】组合键复制，按【Ctrl+V】组合键粘贴，复制两份，得到"画1"和"画2"，如图8-25所示。

图 8-25

06 选中"画1"素材，将其拖动至第0.5s处，选中"画2"素材，将其拖动至第1s处，如图8-26所示。

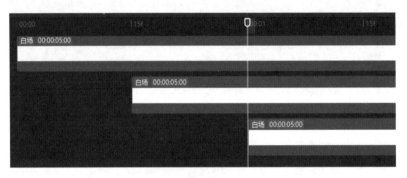

图 8-26

07 选中"画1"素材，在界面右侧选择"画面"|"基础"选项，选中"混合"复选框，将"不透明度"值调整为60%，如图8-27所示。

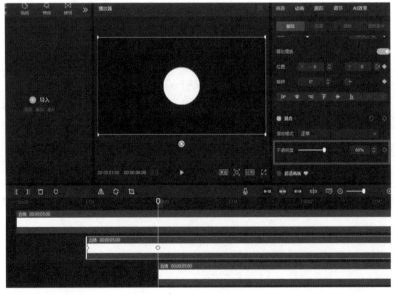

图 8-27

08 在界面右侧选择"蒙版"选项，单击视频素材上的白色蒙版边框，将蒙版稍微放大，如图8-28所示。

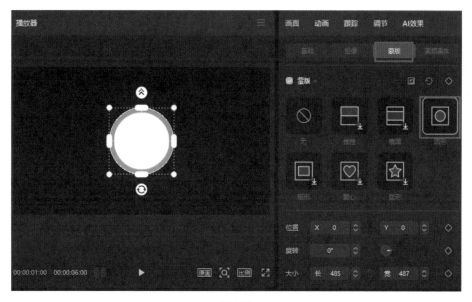

图 8-28

09 选中"画2"素材，将时间线移动至第2个关键帧上，选中"混合"复选框，将"不透明度"值调整为30%，如图8-29所示。

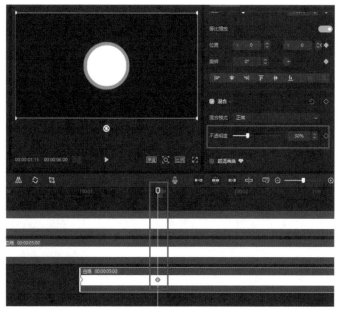

图 8-29

⑩ 在界面右侧选中"蒙版"复选框，单击视频素材中的白色边框，以"画1"的大小为基础稍稍放大白色边框，如图8-30所示。

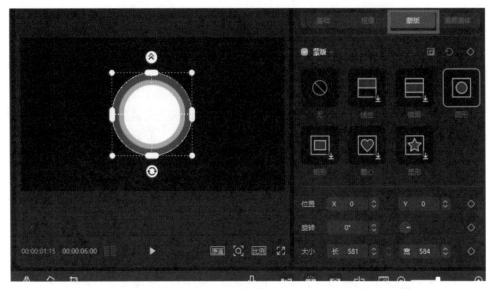

图 8-30

⑪ 将时间线拖动至第2s处，单击"蒙版"右侧的关键帧按钮，给"画2"素材添加关键帧。以同样的方式给剩余两段素材各添加一段关键帧，如图8-31所示。

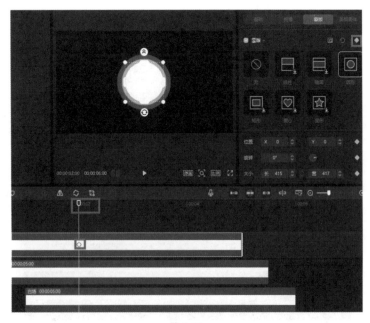

图 8-31

⑫将时间线拖动至第4s处，选中"画2"素材，单击界面右侧的蒙版白色边框，将圆形蒙版放大出屏幕，如图8-32所示。

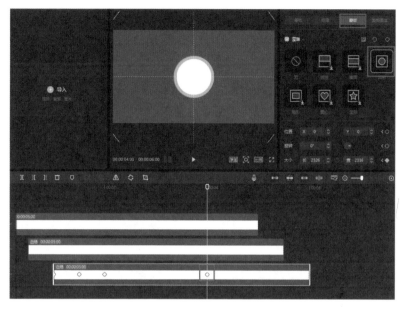

图 8-32

⑬将时间线移至4s后的10f处，选中"画1"素材，单击界面右侧的蒙版白色边框，将圆形蒙版放大出屏幕，如图8-33所示。

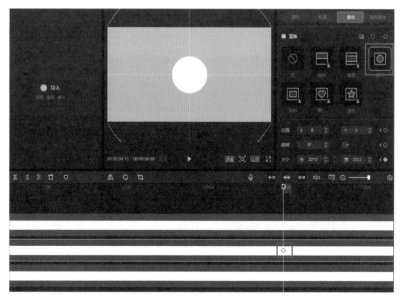

图 8-33

⓮ 将时间线拖至4s后的20f处，选中主视频，同样将圆形蒙版放大出屏幕，如图8-34所示。

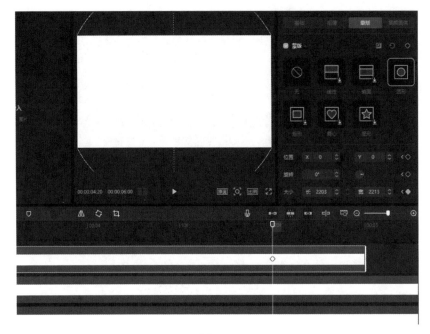

图 8-34

⓯ 将时间线拖至5s处，将"画1"和"画2"中多余的部分，使用"分割"功能进行删除，如图8-35所示。单击界面右上方的"导出"按钮，将片头保存至本地。

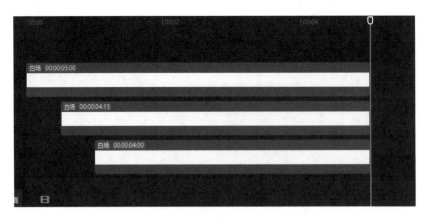

图 8-35

⓰ 打开口播短视频，将保存的片头导入其中，放置保温杯背景素材下方，如图8-36所示。

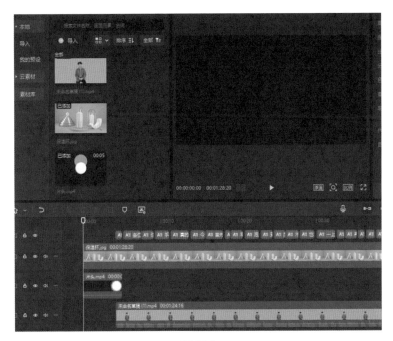

图 8-36

⓱选中界面右侧的"混合"复选框，选择"正片叠底"模式，这样白色的圆形蒙版就被抠掉了，一个蒙版开头效果就做好了，如图8-37所示。

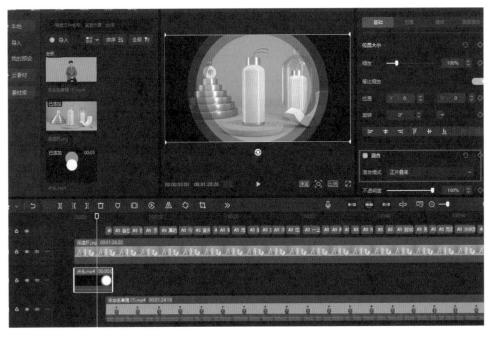

图 8-37

2. 片尾的作用

画上圆满句号：片尾为视频画上了一个圆满的句号，使观众在结束观看时有一种完整和满足的感觉。

感谢与致敬：片尾中通常会包含感谢致辞和幕后花絮等内容，向观众表达感谢之情。

引导观众互动：有时片尾还会包含一些互动元素，如二维码、网购链接或网址等，引导观众进行进一步的互动和分享。下面介绍使用剪映电脑版制作片尾闭幕效果的具体操作步骤。

01 将时间线拖至视频末尾，选择"媒体"|"素材库"选项，添加一段黑场素材，如图8-38所示。

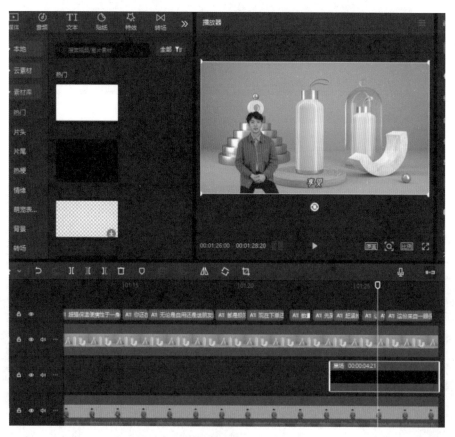

图 8-38

02 选中"黑场"素材，将时间线拖至"黑场"素材开头，在界面右侧选择"画面"|"基础"选项，选中"混合"复选框，将"不透明度"值调整为0，并激活其关键帧按钮，如图8-39所示。

图 8-39

03 将时间线拖至"黑场"素材尾端，将"不透明度"值调整为100%，即可自动添加关键帧，呈现一个缓慢闭幕的效果，如图8-40所示。

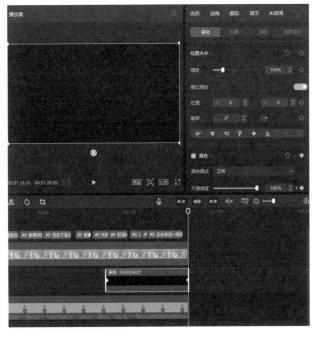

图 8-40

04 将时间线移至"黑场"素材开头，选择"文本"|"默认文本"选项，输入想要的结束语，并调整文本的字体、字号、样式等，如图8-41所示。

图 8-41

05 将时间线拖至"文本"素材开头，选中"混合"复选框，添加"不透明度"关键帧，将"不透明度"值调整为0，如图8-42所示。

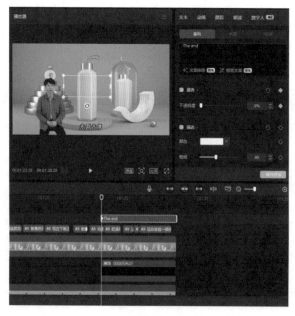

图 8-42

06 将时间线拖至文本末尾，调整"不透明度"值为100%，即可自动添加关键帧，呈现渐显的效果，如图8-43所示。

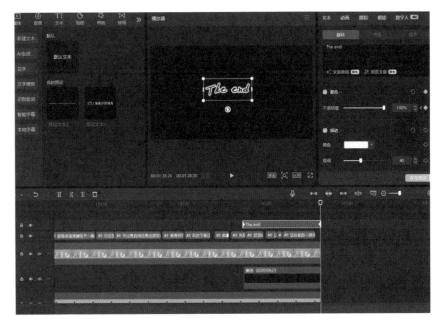

图 8-43

07 这样一个片尾渐显闭幕效果就做好了，效果展示如图8-44所示。

图 8-44

8.3.5　加入背景音乐并导出

　　背景音乐能够加深视频所要传达的情感色彩。无论是欢快、悲伤、紧张还是温馨，背景音乐都能通过旋律、节奏和音色等元素，强化视频的情感表达，使观众更加深刻地感受到视频所传递的情绪。因为案例是口播视频，所以使用一些较为舒缓的音乐更合适，下面介绍使用剪映电脑版给视频添加背景音乐并导出的具体操作步骤。

01 选择"音频"｜"音乐素材"｜"舒缓"选项，选择"日落黄昏（吉他曲）"音频素材并添加至轨道中，如图8-45所示。

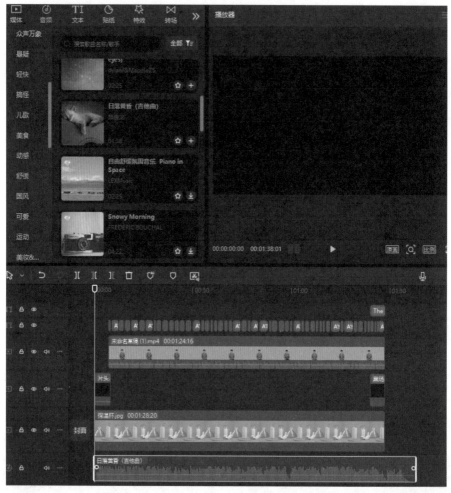

图 8-45

02 选中音频素材，在界面右侧将"音量"调整为–9.4dB，如图8-46所示，使背景音乐不会盖过主视频的声音。

03 将时间线移至主视频末尾，选中音频素材，使用"分割"功能将多余的音频素材删除，如图8-47所示。

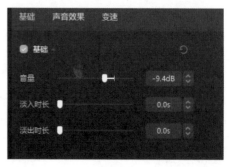

图 8-46

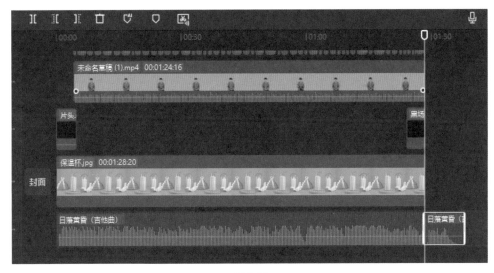

图 8-47

04 单击界面右上角的"导出"按钮，将数字人口播视频导出，可选择保存至本地或将视频发布至短视频平台，如图8-48所示。

图 8-48

第 9 章
AI 广告：制作电商短视频

　　通过AI技术，商家可以快速生成创意十足、精准定位的广告内容，节省时间和成本。AI不仅能自动生成文案，还可以智能匹配视频素材，优化广告效果。本章将探讨如何利用AI制作电商短视频广告，从文案生成到视频剪辑，生成更具吸引力的产品展示和营销方案。

9.1　案例解析与效果鉴赏

本节是对本章的详细解析和效果鉴赏，帮助读者更直观地了解和掌握该案例的制作方法。

9.1.1　案例解析

在电商竞争日益激烈的今天，如何快速吸引消费者注意力、提升产品曝光度成为商家们共同面临的挑战。AI技术的兴起为电商广告制作带来了革命性的变化，通过智能化、自动化的方式，AI广告不仅提高了制作效率，还极大地丰富了广告内容的创意与表现力。

在这个案例中，首先利用文心一言这一智能工具创作出富有吸引力的广告文案。随后，借助即梦这一平台，高效地生成与广告文案相匹配的产品视频素材。最后，通过剪映电脑版的强大编辑功能，对视频素材进行了精细的剪辑与整合，最终完成了广告视频的制作。

9.1.2　效果鉴赏

如图9-1和图9-2所示为该案例的效果鉴赏。

图 9-1

图 9-2

9.2　使用 AI 生成文案和产品素材

使用AI生成文案和产品素材，已经成为现代营销和内容创作的新方式。借助AI技术，企业和创作者可以快速生成符合目标受众需求的高质量文案，同时也可以生成或优化产品素材。这不仅大大提高了创作效率，还确保了内容的多样性和精准度。本节将介绍使用文心一言生成广告文案和使用即梦生成产品素材的具体操作步骤。

9.2.1 使用文心一言生成广告文案

文心一言通过强大的自然语言处理能力，能够帮助营销人员和企业迅速创建引人注目的广告内容。下面是使用文心一言生成广告文案示例。

💬 请为一款智能扫地机器人产品设计一支广告片的营销文案，要求体现智能控制、省时省力的产品特色。

🅖【镜头一：晨光初照的温馨家居】

画面缓缓拉开，清晨的第一缕阳光透过窗帘缝隙，洒在整洁而温馨的客厅中。轻柔的背景音乐响起，镜头聚焦于一位忙碌着准备上班的年轻人，他面带微笑，眼神中却透露出一丝对家务的无奈。

旁白（温暖而充满期待）："在每一个忙碌的清晨，家的温馨是我们最坚强的后盾。但生活的琐碎，是否让你感到力不从心？"

【镜头二：智能扫地机器人的亮相】

随着镜头的切换，一款设计时尚、科技感十足的智能扫地机器人缓缓驶入画面。它灵活地穿梭于家具间，仿佛一位优雅的舞者，在无声中开始了它的工作。

旁白（充满科技感）："遇见[智能扫地机器人]，让家的每一个角落都焕发生机。搭载最新智能控制技术，它不仅是你的清洁助手，更是生活的智慧伙伴。"

【镜头三：智能控制的演示】

画面切换至手机App界面，年轻人轻触屏幕，选择清扫模式，扫地机器人随即响应，精准规划清扫路径，避开障碍物，高效作业。

旁白（自信而便捷）："一键启动，智能规划。无论是忙碌的工作日，还是悠闲的周末时光，只需指尖轻触，[智能扫地机器人]就能根据你的需求，自主完成清扫任务。省时，更省心。"

【镜头四：省时省力的生活改变】

随后，画面展现扫地机器人工作的同时，年轻人享受着咖啡的香醇，与家人共度温馨时光，或是沉浸在自己的爱好中，不再为家务所累。

旁白（温馨而鼓舞人心）："从此，告别烦琐的清扫工作，[智能扫地机器人]让你的时间回归自由。有更多时间陪伴家人，有更多精力追求热爱。省时省力，让生活更美好。"

【镜头五：产品特写与品牌标志】

最后，镜头聚焦于扫地机器人精致的外观与细节，品牌LOGO优雅显现，背景音乐渐入高潮。

旁白（坚定而邀请）："[智能扫地机器人]，智能生活，由此开始。现在就加入我们，开启你的智能清扫新时代！"

【结尾画面】

画面定格在一家人幸福微笑的场景，品牌口号缓缓升起："智能生活，触手可及。[品牌名]，与您共创美好未来。"

9.2.2　使用即梦生成产品素材

即梦作为一款先进的AI生成工具，能够根据用户的需求快速生成多样化、高质量的产品素材，从图片到短视频，极大地提升了创作效率。下面介绍使用即梦生成产品素材的具体操作步骤。

01 打开即创Dreamina首页，在首页单击"视频生成"按钮，进入视频生成编辑页面，如图9-3所示。

图9-3

02 将文心一言生成的镜头一的描述词复制并粘贴至"文本生视频"的输入框内，设置"运镜控制"为"随机运镜"、"运动速度"为"适中"、"模式选择"为"标准模式"、"生成时长"为3s，视频比例为4:3，如图9-4所示。

图 9-4

03 单击"生成视频"按钮，稍等片刻，即可生成相应的视频素材，如图9-5所示。

图 9-5

04 将鼠标指针移至视频上方，单击鼠标右键，在弹出的悬浮框内选择"下载视频"选项，如图9-6所示，即可下载该视频。

图 9-6

05 根据步骤02～04，将后续分镜头一一从文字转换成视频内容，即可得到完整的产品素材，如图9-7所示。

图 9-7

9.3　在剪映电脑版中剪辑视频

剪映电脑版提供了强大的编辑功能和简洁的用户界面，使得无论是新手还是有经验的创作者，都能轻松处理视频素材。通过这个工具，用户可以快速剪辑、合并视频片段，添加特效和字幕，制作出具有专业水准的视频内容。

9.3.1 导入素材进行粗剪

导入素材进行粗剪是视频编辑的第一步，也是为最终成片奠定基础的重要环节。通过将拍摄好的素材导入编辑软件，用户可以开始对各个片段进行初步筛选和剪辑，去除不需要的部分，并将关键镜头粗略排列在一起。这个阶段的剪辑重点在于构建视频的整体结构，为后续的精细剪辑打下基础。下面介绍使用剪映电脑版导入素材进行粗剪的具体操作步骤。

01 打开剪映电脑版，单击"开始创作"按钮，进入编辑页面，将刚刚下载的产品素材导入，如图9-8所示。

图 9-8

02 将视频素材顺序按广告文案的顺序进行排列，并将一些AI生成不太合理的片段使用"分割"功能进行删除，如图9-9所示。

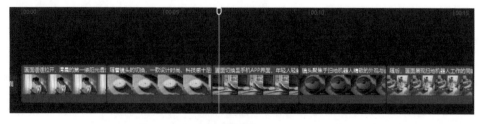

图 9-9

9.3.2 裁剪素材设置比例

裁剪素材并设置比例是视频编辑中的关键步骤，它不仅决定了画面的构图和焦点，还影响着视频在不同平台上的展示效果。通过精确裁剪和设置适合平台的比例，可以确保视频内容以最佳的方式呈现给观众。

01 选中需要裁剪的视频素材，单击轨道上方"调整大小" 按钮，进入调整大小页面，如图9-10所示。

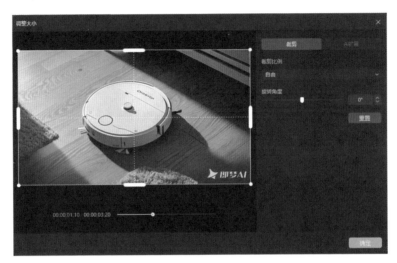

图 9-10

02 在调整大小页面，可以自由选择裁剪比例和旋转角度，调整完成后，单击"确认"按钮即可完成裁剪，如图9-11所示。

图 9-11

03 任选一段素材，单击播放器编辑区域下方的"比例" 比例 按钮，可供选择的视频比例更多，可以满足创作者的日常所需，如图9-12所示。

9.3.3 设置字幕样式匹配画面

字幕不仅是辅助观众理解内容的工具，还可以通过样式的选择，与画面的风格和情感基调相协调。字幕正确匹配画面是确保观众在观看视频时能够清晰理解内容的重要因素。字幕不仅需要准确与音频同步，还应在视觉上与画面和谐统一。

01 选择"文本"|"新建文本"选项，给视频添加文本内容，如图9-13所示。

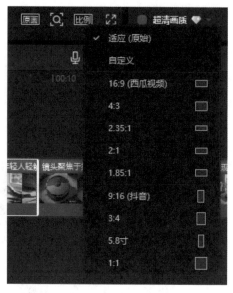

图 9-12

图 9-13

02 将文心一言生成广告文案中镜头一的旁白复制并粘贴至文本框中，如图9-14所示，这里可以看到，字幕的长度完全超出了屏幕。

图 9-14

03 因此需要将段落进行拆分，选择"文本"|"默认文本"选项，再次添加文本框，如图9-15所示。

图 9-15

04 选中第一段文本，按【Ctrl+X】组合键剪切"在每一个忙碌的清晨"后续的文本内容，如图9-16所示。

图 9-16

05 将剪切后的文本内容粘贴至第二段文本框内，如图9-17所示。

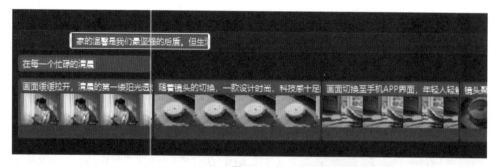

图 9-17

06 调整第一段文本的长度，重复步骤03～05，将第一段视频字幕匹配至相应的画面，如图9-18所示。

07 调整每段文本内容的字体、字号、样式、位置等，使字幕与整体画面内容更契合，如图9-19所示。

图 9-18

图 9-19

08 重复步骤01~07，让后续视频内容都与相应的字幕进行匹配，匹配完成后的效果如图9-20所示。

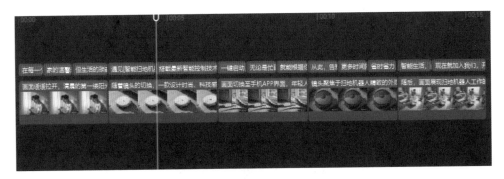

图 9-20

9.3.4 添加动画效果丰富视频画面

通过巧妙地运用动画效果，可以使画面更加生动、有趣，从而吸引观众的注意力。动画效果可以应用于文字、图标、转场等多种元素，使视频在视觉上更具层次感和动态感。

01 选中第一段视频素材，单击界面右侧的"动画"选项，进入"动画"选项卡，为视频添加入场、出场和组合动画效果，如图9-21所示。

图 9-21

02 单击"入场"选项，选择"渐显"入场动画特效，调整入场"动画时长"为1s，如图9-22所示。

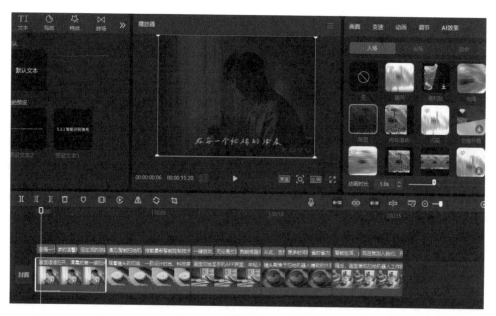

图 9-22

03 单击"出场"选项，选择"渐隐"出场动画特效，调整出场"动画时长"为0.5s，如图9-23所示。

图 9-23

04 参考步骤01~03，为后续视频内容添加动画效果，添加动画后的轨道分布，如图9-24所示。

图 9-24

9.3.5 添加背景音乐并导出成片

添加背景音乐并导出成片是视频制作最后的步骤，能够极大地提升视频的情感表达和整体氛围。背景音乐可以为视频增添节奏感，提升观众的情感体验，同时帮助内容更好地传达。由于短视频的主要内容是扫地机器人，因此可以选择较为轻快明朗的音乐，这种音乐风格能够营造一种轻松愉快的氛围，适合展示智能机器人如何轻松地应对家务，提升观众的好感度。

01 选择"音频"｜"音乐素材"｜"轻快"选项，将"工艺宣传温暖自由幸福-Calm Cute Piano"音乐素材添加至轨道中，如图9-25所示。

图 9-25

02 选中音频素材，在界面右侧将音量调整为-15.6dB，如图9-26所示，这样背景音乐不会让人觉得很吵，从而影响观看质量。

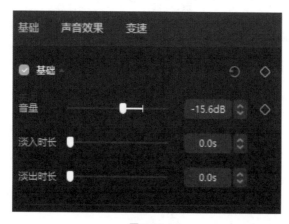

图 9-26

03 将时间线移至视频末尾，选中音乐素材，使用"分割"功能将多余的音乐素材删除，如图9-27所示。

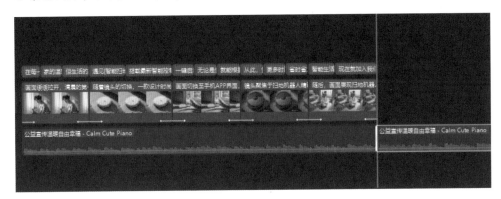

图 9-27

04 单击界面右上角的"导出"按钮，将视频导出，可选择保存至本地或将视频发布至短视频平台，如图9-28所示。

图 9-28